徐玫怡的 Mother Style

Meiyi's育兒手記，展現自我的媽媽風格

文字・繪圖 徐玫怡

目錄 Contents

mother style talk column

talk ❶ 一哥二哥

talk ❷ 大人是被小孩帶的

媽媽是怎樣的一個人？

這是我第二本描繪親子生活的書。

故事裡有我，有我兒子，偶爾還有兒子的爸。

這本親子書的書寫階段，是我帶孩子回台灣讀小一、小二的兩年，以及回法國的幾個月。就在大家都說國外學校有多好有多棒的時候，我想的卻是：什麼時候我們可以從法國回台灣？因為，我想帶兒子進入台灣的小學。

把孩子帶回我的成長土地，似乎是我內在的渴望。並不只是要孩子會讀寫中文，學習中文，只是最表面的期望。

對我來講，回台灣有一點像是向兒子展示「媽媽是怎樣的一個人」。我想讓孩子知道，他的媽媽除了在廚房煮東西、在電腦前看日劇以外，這個媽媽還有什麼？

我想給兒子一個瞭解媽媽的機會。

「媽媽就是這樣的人喔！你知道嗎？媽媽如果是一條魚，活在我的池塘中是這樣優遊自在的。兒子你看看，媽媽是這樣游在屬於自己的世界的喔！」在我心裡，有這樣被兒子瞭解的渴望。

我在法國長居的時間大約有十年，這十年在不同文化中的確學習了很多；但在另一方面，其實也感到十分受限，像是進入一個美麗的魚缸，有明亮的光線、五彩的水草，有讓我躲藏的珊瑚洞穴，但我住在魚缸裡，無法完全像我自己。

兒子出生後，我在法國當母親。

在法國的我，是那種很安靜的媽媽，面對外人很生澀、寡言，因為知道的不足，幾乎什麼事都要問爸爸，若爸爸不知道，我也就默默的算了。即使出現了我有興趣的事情，也會因為語言、交通的麻煩，念頭才一起，馬上就滅掉。

在聚會中，像我這樣的外籍媽媽，經常默默的在角落幫忙收碗擦盤，法國媽媽聚在一起愉快聊天、互相交換意見的時候，我雖有興趣但實在難以應付，對冗長的聚會，常常感覺無聊到想早早離開。

當時的我常想：我兒子看到的，是真正的我嗎？他能感受到媽媽對他的照顧，但是他能知道媽媽是怎樣的一個人嗎？

希望向兒子展示媽媽真正的性格，也想讓他知道，媽媽與朋友相處是既率性又幽默的；但在法國，對外的我完全無法有幽默感，也帥不起來──兒子，媽媽講話好有意思，你知道嗎？在台灣時，朋友聽媽媽講笑話都笑破肚皮，你知道嗎？媽媽是一個意見很多、凡事都有主張的人，你知道嗎？媽媽雖然經常有彆扭的時候，但是我會運用好多辦法來幫自己解決問題，你知道嗎？

媽媽有一個真實的我被侷限住，兒子，你知道嗎？

在我們尚未回台灣之前，我心裡常常夢想著：如果回台機會成真，我要如何過著自己喜歡的生活，我要重新體驗自己的家鄉文化，我要在自己熟悉的環境裡，如魚得水的帶小孩。甚至奢望能開發自己內在的質感，成為一位「個人風格」明顯的媽媽，帶著孩子一同品味生活的大小事物。

畢竟，兒子從出生到五歲半這段時間，他沒見過我能流利順暢優雅自信的跟法國人交談，他心中的媽媽，講話就是很卡！

「兒子，我不是那樣的！」我想彌補兒子，從出生到五歲半這段期間，對媽媽認識的不足。

幸運的，有這樣的機會，我們順利回到台灣。

育兒生活的大致樣貌是沒有改變的，我一樣要照顧全家起居、煮飯洗衣。但不同於我在法國那樣怯懦，我帶兒子到處探索有興趣的事物、參與學校的活動、加入家長的意見，我能很自在的跟校長、老師聊天打招呼。完全不同於在法國的我，見到老師只想說個日安就逃掉的那種沒自信。

在法國帶兒子上學，從托兒所到幼稚園，我一直擔心聽不懂老師說什麼，也不清楚學校系統的運作。在兒子眼中，媽媽是一個對公共事務無知的人，是生活範圍狹窄、以及面對外人害羞畏縮的人。

當時他才五歲，應該是不懂評論自己母親。但如果我一直留在法國，兒子將會愈來愈不懂我，不僅看不懂我寫的書，同時看不見媽媽內在的思想。

若我一直留在法國，而那樣的表現卻沒有改善，總有一天兒子會這樣認定我。而我，會感到孤獨。

一個能活得自在、同時也能被最愛的兒子瞭解的母親，這是當媽媽的我認為最棒的事情。

至於那些對孩子的照顧啊、培養啊等等，對我而言是親子關係中比較表層的部分，我並沒有很在乎。

我只想要跟孩子彼此瞭解、彼此接受、互相欣賞。

從小，兒子就很膽小，爸爸想訓練他在肢體上更勇敢，要他一再嘗試害怕的事物。但我不是，我的方式是瞭解他的膽小，而不是訓練他的勇敢。先瞭解為何他比別的孩子更不敢冒險，摸到孩子的質地，接受它，接著膽小就慢慢出現變化——孩子不勇敢的那一面，讓他成為謹慎、懂分寸的小孩。給他時間體會和成熟，總有一天他會自己開竅。

我是在遊戲中觀察兒子。

因為他怕摔，我記得兒子真正溜滑梯的時間，是小學一年級。許多孩子從兩、三歲開始，就能高高興興的溜滑梯，但他就是十分保守，不知道這樣溜下來會不會控制不住。所以溜得非常慢。當時我不催促、也不聽別人建議，爺爺奶奶買了非常好的溜滑梯放在庭院讓他練習，爸爸鼓勵他要勇於摔跤，旁人甚至建議去做感覺統合測試……

但只有我這個天天照顧他的媽媽知道，他不需要更多，他只需要「時間」。他跑步的時候，手腳和諧度有體操選手般的優美，他一個人跳舞的時候，肢體多麼協調好看……（但他不給別人看，只有媽媽看得到）

我知道旁人的建議是好心，爸爸的鼓勵絕對是相當好的。但我心裡明白，最瞭解兒子的是我，他需要的只是「時間」來建立、累積信心。

一直等到兒子逐漸能掌握、控制自己的身體時，一年級的他，在學校滑梯上溜得好瘋，各種姿勢好精采。

而盪鞦韆，則是一直等到二年級快結束前才發現了訣竅。我記得那天下課，所有的小孩都回家了，他一個人在遊戲區的鞦韆中試了又試，然後他叫我：

「媽，你看你看！」

他用一種很俏皮、很特別的姿勢盪著鞦韆，跟別的小孩不一樣，一隻瘦瘦的小腳，規律而好看的蹬著地板，一拍一拍有自己的風格。

我一直拍手，讚美他發明了自己的盪鞦韆方式！從那天開始，他愈盪愈帥氣，完全突破了恐懼！

我最自豪的，是我瞭解兒子的質地，他是隻要順著毛摸的獅子。偶爾我逆著毛刺激他，是想讓他知道自己的問題，但大多數時間，我都是順著毛，讓他在自己的特性裡成長。

人與人之間，最重要的是互相瞭解，唯有瞭解才有體諒和寬容，而也在那樣的關係中，彼此才有舒服的愛。

所以我也想要兒子能瞭解我。我不想讓自己只是帶了一個母親慈愛的軀殼，而內在卻沒有真我的熱情。

媽媽也會犯錯、也會自私、也很懶惰，我願意呈現這些在兒子面前。也許他能從我身上看到，犯錯後應該如何有責任心的處理善後；從我身上體會到，自私的另一面是否只是立場不同？懶惰的人性，是出於自我放棄、還是只想休息重新開始……

媽媽是孩子最初的老師，但是我更想說的是：怎樣當個好老師我不知道，但是我知道自己是孩子最近身的觀察對象。

媽媽做人的方式，就是孩子見識的第一個世界；媽媽的周圍環境，也是孩子第一個上課的教室。

現在是我照顧孩子，但不知道哪一天，我會需要他幫助我。孩子也是一個成熟的靈魂，只是暫時居住在幼年的身體裡。等到他脫出幼年之軀，我希望我們的緣分不是只在「教養」和「奉養」這兩個傳統觀念之中，而是更契合的靈魂相遇。

這本書裡，是我們在台灣的兩年半生活，爸爸因工作不能經常陪伴，所以幾乎讓我能完全照自己的意願，自在的帶小孩、過著我喜愛的生活型態。

在台灣期間，也十分感謝《親子天下》雜誌給我一個寫專欄的機會，讓我可以把這些生活中與兒子互動的小事，變成一篇一篇好玩的故事，與所有的媽媽分享。

Style

00

人物介紹

媽媽：玫怡

maman

是圖文作家，但工作量很少。
媽媽身分是主要的專業工作。

喜歡操作家事，喜愛以自己的方法來處理生活中任何實際的小事，如此能滿足內在的創作欲。對小孩永遠準備有一百種遊戲方法在口袋裡，即使沒有任何玩具在身上，也能立即用手邊的東西發明玩具唬住小孩。這一點，自己非常有自信。

很願意跟小孩相處，但耐性仍嫌不足。因為自己喜歡的事情太多了，想關心的事情也太大量了，跟孩子認真玩一小時之後，馬上需要給自己兩個小時的個人時間來平衡，忙自己也忙小孩，想做的事情被孩子打斷就以熬夜來補足個人失去的時光，所以也會抱怨孩子帶來干擾，而且經常在睡眠不足的狀態。

常常以自己的人生經驗來反芻該如何與孩子相處。每個人的人生際遇都不同，所以跟自己孩子相處的方式也很個人化，經常不在一般認同的教養規則內。

不只喜歡自己的兒子也喜歡別人的小孩。覺得小孩是寶藏，只要能掌握到藏寶圖，一直探索一直探索，就可以挖到埋藏內在的珠寶。

兒子：小福

fils

在書中6-8歲，在台灣上小一、小二，
喜歡玩、玩、玩。

對外一直很害羞不很敢表達。遇到這種僵硬彆扭的時刻，通常身體呈現出有點駝背雙手插進褲子的口袋中，姿態斜站，很酷，像無所謂一樣。（其實是有所謂）
很喜歡媽媽，很敬畏爸爸。什麼不好的情緒都往媽媽身上倒；對爸爸剛好相反，什麼不好的情緒都不會跟爸爸講。即使真的有遇到不好的事情，也跟爸爸說一切很好。
喜歡好笑的、好玩的、誇張的事情，小男孩喜歡的低級趣味他都非常熱愛。跟同學相處融洽，上學的目的是因為可以跟同學一起玩。
熱愛電玩、也熱愛球類運動。邀他出去踢球，他可以放下電玩。
不背九九乘法，他說用腦子算就知道，為什麼要背？卻熱愛背法文動詞變化，每次都主動出法文動詞和拼寫的考卷來考他媽媽。
每天的生活都是跟媽媽混在一起。對媽媽很有體貼心，任性時也不免有予取予求的心態。

爸爸：阿福

père

飛機製造之電子工程師，
經常外派到國外工作，我行我素的法國人。

爸爸在過去的好幾年在家裡都很無用。除了賺錢。
爸爸說，我真的不知道要跟小孩玩什麼？他聽不懂我的話我該說什麼？那些照顧的手法我都不會，我手很粗！孩子又沒說他要什麼？我不知道要給他什麼？
直到我們搬回台灣，爸爸開始想念當爸爸的那種味道。有人叫：「爸爸，爸爸！」那種家庭的味道。
而回台這兩年突然間兒子長大了，會說：「爸爸我們去踢球好不好？」、「爸爸我很喜歡玩這個……」、「爸爸世界上最好的球員是……」
爸爸終於懂了兒子，可以帶兒子去做他很會做的事情，賺的錢也能親自為兒子買禮物。
爸爸是在兒子回台灣這兩年的分開當中，突然生出好多父愛。
但，一回到正常的每日生活，爸爸很容易又變身為家中大兒子，跟兒子一樣，很多事情叫不聽、說不動。爸爸是個太晚熟的孩子。

Style

01

我們回台灣了！

好不容易帶兒子回到台灣，離開家鄉將近七年的我，這一次總算可以好好的在我熟悉的地方帶小孩。

帶小孩就帶小孩，跟熟不熟悉地方，有關係嗎？

當然有關係！

沒有在國外住過的朋友也許不知道，像我們這些精明能幹的台灣女生因緣際會到國外，要不原本就有非常高的外語程度，並且還要有無可替代的專業能力。不然，一到國外，很多人就只能待在家裡研究食譜、相夫教子。

待在家裡不好嗎？
很好！
待在家裡很好，研究食譜太有趣了，相夫教子多麼幸福。在家很好，但一出門就……
還是不熟……

這樣過了好幾年，兒子也逐漸的長大之後，我總是有一種遺憾的感覺。

我覺得我的兒子只看到媽媽的一半，另一半的我、在原生土地那個自由流暢的我，一直沒辦法表現出來。

那個你是怎樣的你？只不過是會逛百貨公司，呱啦呱啦跟朋友聊天八卦，說話很溜的你？
啊！！
也對啦，但這也很重要呀！我兒子對我流暢說話的形象是很模糊的。
他可能以為他媽都是用簡單的字彙，說話支支吾吾的……

反正不管啦，我就是很想在我熟悉的環境裡，讓兒子跟著我一起去觀察、一起去體會媽媽喜愛的事物。

但，這樣的想法有點任性，因為沒辦法連爸爸一起帶回台灣，所以一開始其實阻礙非常大！

啥米？補瓜 pour quoi
你們要回去？！那我呢？
Je suis papa!
我是老爸！
我不要一個人吃飯！
好吧！那就算了。
幽幽的說著……
過了這個黃金階段，小福想學會讀寫中文，就很困難了。

呵，心機好重的以退為進。

沒錯，我把回台重點放在讓兒子可以學好中文、把中文深化為一種天生的技能去說服爸爸。

這讓阿福完全無招架之力。因為在他自己經常外派到各國的工作經驗中，語言能力的確是不可忽視的力量。

所以他能瞭解把兩種語言深化為母語，其實是很好的一件事。尤其我們這樣的混血家庭若不善加利用，是非常可惜的。

蛤ㄚˊ！
你沒唸故事書給孩子聽！
這是目前最流行的耶！
因為我媽一唸就睡着，故事書就會砸在我們頭上
回憶
並沒有很盡職
歉

我不希望因為那種莫名的、八股的文化傳承心態，硬要小孩辛苦的學中文讀寫；也不是很喜歡為了什麼國際觀、競爭力的功利邏輯，拚命的要求孩子該如何加強語言。總之我已經準備好了，萬一兒子不愛讀書，那我們就朝愛玩的方向前進。

但是，很抱歉，孩子通常不是我們所想的那樣。

媽～
快啦，出功課給我，
J'envie de faire du devoir.
✦我想寫作業✦
……你媽就是想當瀟灑型家長，不想逼你念書……
啊怎麼你那麼愛寫功課

我竟然有個非常喜歡「字」和「符號」的兒子。竟然不是我以為的喜歡唱歌跳舞或盪鞦韆很猛的男生（原來是文生，不是武將）。當媽媽的我，有時候好有耐心的邀他一起玩玩具，他還要先看一下說明書。

一個對文字極有好奇心的男孩，但不是因為故事書的啟發……
而是..
喂！快來玩玩具啦！
等一下，我先看完說明書….
我兒子喜歡研讀各種說明書♡

好啦，既然兒子就是喜歡語言文字，那媽媽我就順應特質，因材施教，做到徹底。就讓我們回台灣，學中文、學台語、學英文，通通都來吧！

兒子，你真是我的貴人，媽〃因為這樣可以名正言順的回台兩年。

至於爸爸……

為了追隨你們，
我找到一個在中國的工作，假日可以去看你們！

爸爸很認真的為我們賺錢，願意忍受分隔兩地的煎熬，對我來說除了愛，還多了一份恩情！

而，非常疼愛孫子的法國爺爺奶奶呢？

coucou！
我親愛的小心肝
我們五月底會來看你們喔！

MOTHER STYLE 1 TALK

一哥二哥

兒子問：「媽～」（媽這個字總是開場白）二哥比較大還是一哥，嗯～一哥就是大哥是嗎？」

冰雪聰明的媽媽馬上瞭解兒子的疑惑。

兒子，二雖然比一大，但是在大人的世界裡，一跟二有很多不同的角度……

Style

02

出門火大！

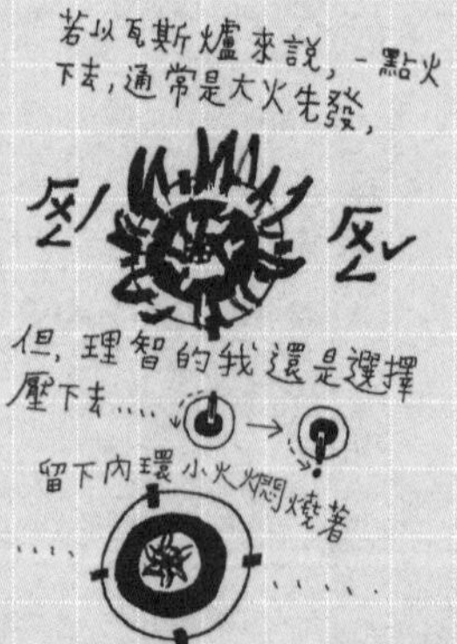
若以瓦斯爐來說，一點火
下去，通常是大火先發，
烈 烈
但，理智的我還是選擇
壓下去……
留下內環小火燜燒著
……
……

今天早上趕著九點前帶小福上幼稚園，而這位小朋友經常在緊急時刻沉醉在一件很專注的事情上，讓我陷入兩難，催他也不是、不催也不是。

原因是一吃完早餐不知哪根筋抓到了什麼靈感？自己拿了白紙和鉛筆，突然間認真的在畫圖。

快！快遲到了。趕快去穿鞋！
專--注

趁我換衣服盥洗不到五分鐘的時間，他已經進入個人圖畫世界的真空狀態，叫半天都不回應！

別人家的小孩也會這樣嗎？還是只有我家的小福這麼拖拖拉拉？就快要遲到了，給我出這一招，難道一大早我就要點燃怒火吼小孩？

若以瓦斯爐來說，一點火下去，通常是大火先發，
但，理智的我還是選擇壓下去....
留下內環小火燜燒著

好吧！就讓我看看他到底在做什麼？有什麼事讓他如此與世隔絕？

在做什麼呀？
哇！
好可愛呀！
小福
原來在認真這個，那我……

我要打斷兒子正在發揮的創意？還是讓他自由的天馬行空？我要讓他立即上學遵守學校規定？還是給他一點時間完成他想做的事情？

讓孩子身心自由發展！我給他空間！
不能讓孩子任性！我要嚴格！

為何媽媽這麼難當？連出個門兒子都要丟給我這麼一件難以抉擇的事？

所以我只能很中庸的說出了：「再給你五分鐘喔，沒畫完的話，下課回來再繼續好不好？」

我還是儘量說出這種四平八穩且育兒政治正確的話語，好像母子兩方已經平等的互相協調，但其實……

還不都是配合你才這樣說
母親的氣勢很低呀！

今天是畫圖，其他天也一樣花招百出。比如突然變得極乖，但這種乖不是立即聽媽媽的話穿鞋出門去，而是很認真的在房間裡整理床鋪。

也不知道到底是沒有時間意識，還是故意慢吞吞的東摸西摸？總之，每次都在趕著出門的節骨眼上，原本和藹可親、好言相勸的我，到最後就會爆出一把怒火！

但有時候兒子真的不是故意的，比如出門前鞋子都穿好了，他卻突然想大便！這種事情當媽媽的怎麼可能阻止呢？

快去吧。我又輸了！

低下頭幫兒子快速脫了鞋，讓他以最快的速度去上廁所。

所以今天上午我多給小福五分

鐘讓他完成圖畫。事實上這個五分鐘只能算是讓他多畫兩筆多出來的時間，母子之間還是脣槍舌戰你來我往，耗費多時。所以，今天上學又遲到了。

趕著上學，開車中
我跟你說，因為你現在還在幼稚園，遲到一點點沒有關係，幼稚園老師還不會罵你，但如果是上小學就不行了，知道嗎？上小學就要很準時……
哎
媽，我現在是什麼？我就還是幼稚園啊！難道我現在是上小學嗎？以後的事情以後再說！
給我頂嘴

好，鐵血一點、決斷一點！我就是不夠嚴格、我的規矩不夠絕對，所以沒辦法帶出一個很有規律的小孩。我總是給兒子很多時間跟我討價還價，導致現在訓練了他頂嘴的能力。

被我這麼一個寬容有人性的媽媽生到，是你好命！
你最好識相點，不要太過分！
媽，人性是什麼意思？

可是怎麼講？很絕對、專斷、沒有商討空間的那種媽媽也不是很好當的，能嚴格立下規則又能完全執行規矩，不是一件容易的事。自己帶小孩幾年下來，我知道自己做不到，只能做個依情況不同而調整的「有人性」媽媽，也就是我現在的樣子——必須一次又一次把點出來的火再轉壓到中火，有耐性的、慢慢的熬煮自己的育兒生活。

MOTHER STYLE 2 TALK

大人是被小孩帶的

接送小福上下學，來回一段路約近兩公里。每天走兩次，超過三公里半。

六點起床。四點結束手邊工作。時間都是固定的，我必須這樣配合。

有小孩的日子，所謂的犧牲，其實是回歸規律生活，所有的勞動，其實是重拾健康生活。

不是大人帶領小孩，其實是小孩帶領大人。

被激怒

與孩子怒氣相對的時候，我心裡是竊喜的。

我心中的OS是這樣的：「好好好，來來來，來好好講一下。真是太好的機會了，我可以在他還沒叛逆難管的青少年期之前先把這些問題搞好。要要賴、要任性、要故意激我，好！全部都給我來。」

當然，少年的問題跟青少年是不一樣的。我不可能現在就解決他日後成長會出現的問題，但吵架的默契是可以事先培養的。

親子吵架、被孩子頂嘴這種事情，我其實都不放過，我享受它。這種時刻是我跟兒子彼此的情緒互相對壘的時刻，那絕對是培養默契最佳的時刻。我想看他能兇到什麼程度，我想聽他如何使用語言的憤怒？我想知道不講理的背後是否有一套道理而我能引導他說出來？

這是一種享受，享受擁有兒子的感覺。

帶著這種心情與兒子怒氣相對，直爽的說出媽媽的看法，也要孩子直爽的解釋自己的道理。當孩子逐漸知道媽媽的心意，他知道可以把多少誠實的話告訴媽媽。我同時也體會到，母親在理解孩子的內心後，寬容度有多高，孩子的誠實度就有多高。

Style

03

大滿貫家庭倫理月！

跟公婆一起住先不說生活上的調適，光在帶小孩這方面就有很多摩擦。甚至跟自己最親近的爸爸媽媽住，在教養上也一樣會有這方面的問題。

而，多麼幸運的我！
上個月竟然能夠同時經歷跟公公婆婆又跟爸爸媽媽一起住的大滿貫家庭倫理時光。
我…

在雙方夾攻之下，身兼媳婦、女兒，還同時擔任隨傳隨到口譯及導遊的我，差點就成為一個自暴自棄的媽媽！

要翻譯這個要解釋那個、要準備這邊，要處理那邊……
我累死了，煩死了
我沒耐性了！
不要來找我
媽…
我要玩…

回台灣之前我一直都是自己一個人帶小孩，雖然經常因為沒人幫忙感覺辛苦疲勞，但是另外一方面卻可以照自己的意思當一個自由自在的媽媽，調教兒子的事情照自己的方法進行，不會有人在旁邊囉嗦。

我不囉嗦，我也會幫忙！
少來！
你不是幫我，你是幫凶。

五、六年來，我跟兒子已經建立了屬於我們的生活方式。雖不能說我把兒子教養得很乖巧聽話，但是基本上跟我在一起的小福算是個不任性、可以講理的小男孩，偶爾固執難搞，但也都在我的掌控範圍。

但是，這樣的感覺似乎只在小

家庭裡，如果跟長輩住在一起，好像又不是這麼一回事了。

自從回到台灣之後，我跟小福定居在台南老家，跟自己娘家的爸媽一起居住。新的家庭組合——三代同堂模式尚未真正啟動的時候，措手不及的，我法國的公婆隨後也來台灣探親旅遊。

我爸媽五月底就衝過來了！這也難怪…
因為我是獨子，小福是獨孫
但我們回台才三個月……
了解，這是人之常情..

這下好了，一下子兩對爺爺奶奶環伺身邊，有的關心起居飲食、有的關懷學習育樂。在這個「大滿貫家庭倫理月」期間，小福受到全面、無缺口的關愛。在一波波中文、法文夾雜台語的聲波下，小福在倫理月中表現得七零八落。之前受我訓練的兒子，原本很願意聽話、很好溝通的優點全都不見了，只剩下生活無規律、任性無節制那一面！

都是你啦，害我在倫理月中被長輩批評.
可是…我要怎麼聽話呀？
這個耳朵傳來國語，那個耳朵飄來法文。大家都要我聽話，我才不想聽！
我只想看我的烏龍派出所，聽兩津說台語！

全部的人都住在一起，有我自己的爸媽在一旁盯我如何帶小孩，同時公婆也在身邊觀察我怎麼做家庭教養，我想這是我當媽媽以來最受束縛的一段時間。

可，問題是我並非只扮演媽媽的角色！

趁大家在看電視，我趕快來訂後天北上車票…
別吵我
抓媽媽
internet
你給我下去，乖！
查明天往白河看蓮花的路線圖…
PS：車子要加油95的…
記得婆婆要買腸胃藥…
玫怡這邊要怎麼講？快來翻一下
好，馬上！
Mei Yi 這要怎麼弄，過來一下
好，來了

每天大人們要外出旅遊、要上餐廳，一整天下來接觸的都是小福沒興趣的事物，身邊又沒有同齡玩伴，叫一個未滿六歲的小孩怎麼去打發這些無聊時光！

登山步道走這裡喔！小福，跟阿嬤來！
不要
我要玩任天堂
快，一起走，不要玩了
這小孩怎麼搞的！每天玩電玩
這…
像話嗎

這段期間我把它當成非常時期，只要我兒子不要過分，我覺得這樣就算是很乖了，但是，怎麼可能不過分，小孩子一定會過分的！

家裡人多，有的要聊天、有的看電視，白天大夥出門到處逛，一到晚上小福根本不願意睡覺。

我才不要睡！你們看完夜市人生就輪我看新兵日記！
根本就不想睡！
不要給我搞怪快上床啦！

如果家裡沒別人，我通常用我最擅長的唬爛方式，天馬行空的向兒子說道理讓他聽話。但家裡有老大人，而且還有四個，我的唬功完全發揮不出來！

四仙大人在後
你…你…你…
最好給我聽話一點
好平凡無趣的教訓喔！
媽，你以前的教訓比較好玩。

公公婆婆見我似乎是個沒脾氣的媽媽，從未見我懲罰行為乖張的孫子，所以他們非常擔心孫子在台灣會變得無法無天。

我媽了解我，不會在大家面前罵我，都是把我抓到房間曉以大義！
真的要打的時候，也只有我把手舉高願意被打的時候才打我手心。所以你看不到我被打。

其實我明理的公婆以及我那體貼的父母並非鄉愿，只是這個大滿貫家庭倫理月有一種無可避免的情勢——公婆這兩年只有這麼一個月可以親近孫子，而我爸媽已經兩年沒見到孫子，這是他們跟孫子生活在一起的初期。所有人的愛都急切的落在這個月裡，他們對孫子並非要求很高，只要能夠跟孫子有良好的互動，即使生活教養上還無法規律乖巧，他們也能理解。可問題是，小福的耳朵經常是關起來的，說也說不聽、叫也叫不動！

緊來呷！
阿嬤給你煮綠豆湯…
退後，不要看電視了！
電視關掉
完全沉醉在卡通影片
耳聾
吼！講不聽

爺爺奶奶、阿公阿嬤只是想跟孫子好好說話，享受一下祖孫互動的樂趣而已，但是對問話毫不理睬的小福，卻一再使他們的期望落空。此時矛頭就指向我了！

你到底是怎麼教的？

我是怎麼教小孩的呀！小孩本來就很難教，如果家裡每個大人都想樣樣管一點，那並不會讓教養變得更輕鬆，只會更麻煩！各位長輩，你們就睜一隻眼、閉一隻眼吧。

畢竟這個月已經度過了
小福，下個月讓我們重新加油，我做個好媽媽，你做好孩子，好不好？
d'accord
好！

Style

04

我是男孩的媽媽！

說真的，擔任男孩的媽媽跟擔任女孩的媽媽是不一樣的。雖然說男孩女孩一樣好（還是一樣可惡？），但帶男孩的媽媽跟帶女孩的媽媽，就是過著不一樣的生活。

話說在前面，這不是一個有統計數據的說法，這只是我做為男孩媽媽非常個人的心聲。

我曾經發現一個令人嫉妒的事實，那就是出書寫育兒、寫教養的媽媽們，幾乎，可以說幾乎都是生女兒的！即使不是女兒，至少也都有一個女兒搭配一個兒子。

比如林奐均，她有四個女兒。比如蔡穎卿，兩個女兒。比如陳之華、番紅花，甚至是《虎媽的戰歌》的作者虎媽，也生了兩個女兒！

我很敬佩以上寫教養書的媽媽們，她們教養小孩的方式都很精采，只是我發現了她們有一個相同的背景——都生女兒。

男孩媽俱樂部碎碎唸
應該說……
每日筋疲力竭，不要說寫書，部落格都長草了。
當男孩媽很難用女孩媽的心思去對付小孩
女孩走「文」的啦 男孩拚「武」的

如此推論下來，是不是女兒比較能讓父母實踐教養理念？而兒子就是「高怪」！「高怪」到父母沒有自信說：「我這樣教是『有用的』」！

啊，因為你是笨蛋啦！
你給我說什麼？
我跟你說過幾遍，不准罵別人笨蛋！
好，那就白痴！哼
糟了，很快就要學會講髒話了.

當我說了這樣的結論之後，我阿姨不以為然，因為她有三個超級聽話的兒子，和一個令她傷腦筋的女兒。阿姨說：「那，龍應台不是有兩個兒子？他們還一起寫書呢！」

當然，所有統計都有例外，我的看法只是自己不負責的田野調查。但對於龍應台這個例子，我就不很同意阿姨的說法。

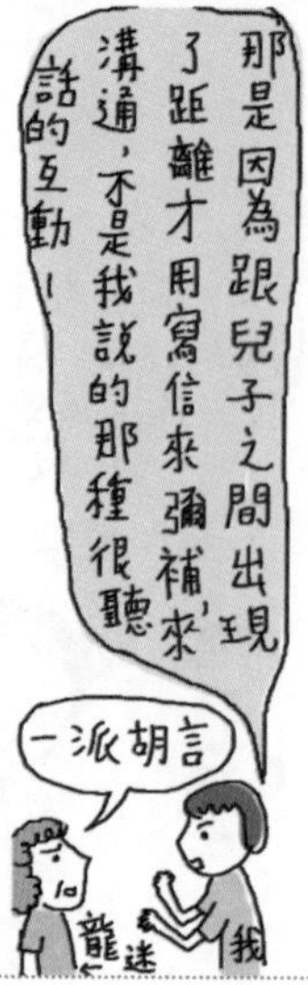
那是因為跟兒子之間出現了距離才用寫信來彌補，來溝通，不是我說的那種很聽話的互動！
一派胡言
我
龍迷

女孩總是比較好管理，女校的老師不需要像男校的老師那樣凶悍嚴厲。教養一旦凶悍嚴厲，那就變得不細膩也不感人了。

為什麼我一寫到育兒生活都是一些灰頭土臉的事件？你都不配合讓我演一下很能教育小孩的好媽媽？
喔⋯
媽，你是療傷系的，你很慘，別人才會獲得安慰⋯⋯

記得有一次，我帶著小福去朋友家跟其他小朋友一起玩耍。一群年紀相仿的孩子跑來跑去，因為玩得太瘋了，我板起臉孔說：「你們現在靜下來，把玩具收好，這樣跳來跳去很危險！聽到沒有！」

在旁邊聽到的女孩都靜下來了，唯有幾個男孩像是耳朵被塞了耳塞，一句話也沒聽見，還在奔跑嬉鬧。

當時我抓住小福的手臂，嚴厲的告訴他要小心，他整個人沉浸在瘋狂的歡樂中，搞不清楚狀況。但是我瞥見旁邊朋友的女兒眼神中露出「識大體」那種表情，還偷偷小聲的跟小福說：「你媽媽在生氣了啦。」

你自己的媽媽在生氣！還要別人告訴你！
我
氣
A
I
不要緊，我爸也跟我一樣！

從此我明瞭了，女生真的比較敏感，比較知道狀況。小男生就像一條狗，雖然也有聽話的，但是媽媽就是需要吼叫來引起他們的注意力，需要給他們命令，丟骨頭讓他們追，需要更多重複的「訓練」。

當小福跟表哥湊在一起
每週五，一定要看《新兵日記》
Yes Sir
新兵日記
好看
有這種訓練好好玩！
男生天生就愛這一套！
喜歡被吼被命令！
我
妹

養女兒的媽媽幾乎都會說：「哪有，我們也很累好不好，我的女兒非常好動，跟男孩一樣。」

派我妹出來解釋，比我資深的兩男媽。
男孩天真幼稚的時間比較久！在生理上像動物，心理成長又比女孩慢。如果個性固執就會很操父母。
以前我稱我家為動物園，
現在已劃分出野獸區！

原本不運動的我因為生了兒子，變得必須跟著去公園踢足球，兒子沒有同伴時，我還得跟他在溜滑梯上下之間追逐。應該是散步或去公園閒晃的家庭活動，一遇到男孩就會變成踢球、奔跑，儘量消耗體力。

好！
再來一次
要把他弄累，看會不會早點上床睡！

身為男孩媽媽，最好自己識相的轉型成陽光大嬸、運動歐巴桑，讓自己腦筋簡單、神經大條。不要對自己有過多期望，像是維持過去優雅淑女的品味，或是還保留文藝女青冷靜的哲思……NO，太奢侈了，跟兒子合作吧，暫時告別。

也許這時有人會說，那爸爸呢？叫爸爸帶兒子出去打球不就好了！

爸爸！你不知道嗎？爸爸不過是另一個兒子。當他高興時他會當爸爸；當他累了煩了，他又變成你突然冒出來的大兒子！

WhatsApp 簡訊傳來…
Ma Cherie,
不管爸爸或兒子
我都是愛你的,
Gros Bisous

上週姪女跟姪兒到我家來過暑假，有了一個乖巧的女孩加入遊戲圈，我兒子變得非常好控制，吃飯、睡覺、甚至洗澡都不必我三催四請就能自己做得很好。原因當然是姊姊先聽話，弟弟就會跟著聽。所以那一週我感覺我這個媽好會帶小孩，三個孩子都乖巧的讓人感動呀！

你真是太棒了，姑姑會一直歡迎你們住在家裡唷！
好，謝謝姑姑！
溫
馨
只是…每天要幫女孩梳頭，好麻煩喔！男生都不用！

MOTHER STYLE 3 TALK

祕密的語言

為了不讓爸爸知道他心裡在想什麼，最近小福主動與我有大量的台語對話，因為爸爸跟著一位德國朋友學中文，小福知道有些關鍵字不能讓爸爸聽到，不然……（其實爸爸根本不會怎樣，但是小孩心裡就是有些想法不想讓嚴格的爸爸聽到）

通常這種情形會發生在爸爸要求小福的時候……

父：「assied toi bien!」（坐好！）

小福表面遵照爸爸的意思，把身體移了一下。

但是嘴巴卻發出不爽語氣的台語：「哉啦哉啦。」

我：「哉叨好。」

父：「mange! arrête de jouer!」（吃飯，不要再玩了！）

小福：「我屋咧甲啊！就煩咧。」

我：「鶴啦，賣安捏啦，你緊甲叨咩呼你阿叭念啊。」

爸爸沒什麼敏感度，沒在管我們竊竊私語的內容，他忙著看他的足球。

當然有時候是我先發難。

爸爸的生活低能出現的時候我會受不了。

比如突然meiyi meiyi的叫我過去不知道有什麼緊急事件？我趕快放下手邊的事務過去……

父：「這個廣告單的披薩折價卷已經過期了，我把它丟了，OK？」

我：「好啊，丟啊！」

（這．要．問．我．嗎？咬牙）

爸爸就把那張廣告單拿給我……

我：「蛤？我丟嗎？」

眼前的男人出現一種理所當然的眼神——對啊，你不是要走回去廚房，垃圾桶在廚房啊。

我拿著廣告單，回到廚房。馬上跟兒子抱怨：「汝老杯叫我過去叨是去幫伊淡笨色。氣死我。」

母子兩人同時露出「唉！」的神情。

小福：「謀法度，伊叨是安捏！」

爸爸隨後走進廚房，打開冰箱，為他自己的茴香酒倒入冰涼的水。完全不知道我們在說什麼。

我知道這樣不好。

但，好像有了另外一種語言可以避開衝突的時候，有另外一個人可以讓你發洩情緒的時候，人就很容易變成這種樣子。

兒子是這樣，我也是這樣。

然後爸爸聽到我們講著祕密的語言，心裡一定想說：「奇怪，我學中文學得不少，為什麼他們兩個講的話我都聽不懂？」

Style

05

親子車接送！

今年開學期間，好巧不巧，南瑪都颱風跑來湊熱鬧。風沒什麼，但是雨倒是沒在客氣的，就這樣，我的車在風雨中完全的罷工了。

NANMADOL TYPHOON
你的車子本來就快報廢,與我何干!
太溼我不能...

面對接送的問題，我第一個想法就是騎腳踏車。花個三千元買台腳踏車吧！大家都很熱門騎什麼小折，我也來買一台！

上網搜尋了一下，我失望了。什麼三千！六千都買不到！一萬元起跳還差不多，而且加買兒童座椅的錢還沒算進去。

後來我在噗浪上自怨自艾的抱怨車子故障的事情。一位住在台南的噗友讀者很阿莎力的要借我一台親子車；而我為了趕快處理接送問題，也毫不矜持的當天就趕到人家家裡去借了。

我今天上班，不行耶。明天載去給你。
最好今天，明天送上學需要用車。
可以嗎
我就是這麼麻煩人家！
那我請我媽牽到巷口....

拿到親子車的那天黃昏，我問小福要不要試騎到小七（7-Eleven）？

媽車壞了，
明天騎這台，
你坐前面
~哇~
Cool

他從沒看過這樣的車子，第一次搭這種媽媽人力車覺得很新奇。一路騎到小七之後，我又允許他可以買一樣零食，整個試乘計畫十分完美，完全獲得小福的讚賞。接下來，騎親子車上學變成小福起床後最期待的節目。

這也難怪，以前不管是開車或一般的腳踏車，他總是在我後面，不是被牢牢的綁在後座，就是媽媽的背影永遠擋住最主要的道路風景。

而且，我每次叫媽媽看什麼，她都說不要吵
開車要專心不能看後面。
媽
快看我的鬼臉！
恐怖喔
我在開車！
不要吵

上下學的路上，我們會遇到兩個斜坡，一個是從社區的地下停車場爬上路面，一個是過河的陸橋。我萬萬沒想到，這兩個斜坡讓小福體會到媽媽的辛苦！我平常教誨半天都沒反應的事情，在上坡的時候，兒子竟然體會到了。

上坡奮力騎……
媽，我是不是太重？
…嘿
沒關係，
我下來牽著走

牽著腳踏車走路也得很奮力，上坡的斜度讓我的身體必須前傾。兒子也從沒見過媽媽走路的姿勢是這樣的。

媽媽，我下來啦，這樣你會太累！
不用不用，現在下來危險！
坐好

看著兒子充滿體諒的表情，緊張的身體很配合的讓我能好好牽到最高點。我可以感覺到他在這一點上能夠確實知道「辛苦」是什麼，辛苦不再是一個沒有具體事實的語詞。

以前，講到辛苦，就是……
下班後…
小福，爸爸工作很辛苦，不要吵他。
beer
辛苦？
看電視足球很辛苦嗎？
拍球
辛苦在哪裡？

現在，騎親子車上學、回家，已經變成一整天中我們母子兩人最親密、互動最和諧的一段時間。

一路上我們唱著自己亂編的歌，拿路邊所有大小事情開玩笑。當我努力的拚上陸橋最頂端，兩個人會歡呼著讓下坡時爽快的風灌進汗溼的衣裳。

耶耶耶
爽快呀
其實是非常小心翼翼
怕摔車

在回家的路上一定問小福，今天學校有什麼有趣的。如果他說得出一、兩件表現很好的事情，我就騎到冰棒店門口停下來，讓他自己進去買一根十元的冰棒。

冰棒
老闆請問……
謝謝
應對進退有進步!
還不錯

冰棒拆封後馬上吃，一邊迎風騎回家，即使冰棒融化黏在手上、滴在衣服上也都沒關係，等一下到家後就可以立即洗澡。

媽,你要騎快一點啦!
這樣冰棒才會涼。就不會一直滴下來……
不是啦,這種冰跟那種涼不一樣……

一邊騎著親子車，我心中想著，這段經驗也許會成為兒子日後想起幼年時，最美好的回憶吧？即使騎親子車比開車累上好多倍，接送的過程也很耗費時間；但是，一切都是值得的。不要說以後，我現在已經享受這個美好的接送過程了！

……黃昏……母子兩人，滿身臭汗的回家……
回家第一件事就是我先洗澡喔,然後才輪你。
好啦,媽媽!

Style

06

兒子的書包！

小福到台灣之後曾上過兩個半月的幼稚園。當時因為沒幾個月之後就要上小學了，我心想，乾脆直接幫他買一個品質做工良好的小學生書包，上幼稚園就直接背小學的書包，不再跟幼稚園買了。

其實，我心中早有首選的夢幻書包，當然，那種書包相當昂貴，純粹是為了滿足媽媽對兒子外觀的期盼，對於幫助兒子學業進步或是變得聽話乖巧完全沒有關係。

就是那種
看起來很高尚，
背起來像好
學生的……
made in Japan
很精緻…
連我都想背

沒想到幼稚園在這兩個半月短短幾天中，還是送給我們一個幼稚園書包，所以原本想買小學生書包讓他直接背上幼稚園的事情就拖延下來了。

也好，可以在這幾個月中好好的尋找！
媽媽在滿足自己的購物欲

當然，我也猶豫過。書包好不好不僅跟學業進步無關，甚至可能因為背著太好的書包，太可愛、太漂亮，被當成有錢人家子弟，會不會因此被歹徒覬覦？那我不是自找麻煩，平添生活的危機嗎？

有了這一層顧慮，我稍微降低了標準，朝向功能型書包上網搜尋。標準雖降低，但原則還是有的，除了小朋友千篇一律的粉紅、粉藍色摒除在外，我也不要令人厭煩的卡通人物，或是看起來懶惰的拖車書包。我要有氣質、樸實、兼具人體工學與實用功能的書包！

找不到，找不到
條件那麼多，當然找不到……
沒有小朋友會喜歡背你說的那種……
可惡！

找書包一事一直沒有進展，不過因為還有個暑假，所以還不急。接著小福的幼稚園畢業典禮來了。

各位爸爸媽媽，這是小寶貝們的畢業禮物——小學用書包。
點心意
謝謝！
感恩！
書包
啊！書包！
No！
很實用！
我不要

我不是不感謝幼稚園送我們禮物，而是，我要自己買書包啦！挑選兒子的第一個書包是媽媽的權利，為什麼把我們的權利拿去享受了啦！我不甘心！

各位，請不要送這位女士東西，人家好心贈禮竟然還嫌！
這位媽媽，你……你……可以不要用，但不可忽略我們的用心！
園長
好心乎雷親

幼稚園送的書包也不是不好，雖然我不想用粉藍色＋米老鼠，但是整體上看起來不會俗氣。只是……

為什麼上面要印幼稚園名字？
明明就是要升小學，是小學生了呀！
打廣告啦，還不知道嗎？

原本想弄個什麼DIY把幼稚園名字遮掉，但是我也知道自己手工不佳，沒弄好反而把書包弄得更醜，所以書包擱置一旁，事情又這樣拖延了下來！

直到開學的日子到了，書包一直沒有解決。

明天！
明天就要開學了！
書包還沒弄好
唉！做人還是得有彈性！反正我一定會找到理想的書包，到時候再換就好。

所以兒子就背著上面標著○○幼稚園的書包去上小學。但，沒想到，上學的第一天，放眼望去，新生肩膀上嶄新的書包幾乎全部來自各家不同的幼稚園！

喔喔！是這樣喔！這是一種普遍的現象呀！
只有我自己在龜毛！大家都接受得很自然呀！
遊戲規則原來如此！

沒幾天之後，我發現兒子的書包開始髒了。書包不在肩膀上的時候都丟在地上，有時候被踩、有時候用拖的。有一天回家，整個書包在滴水，打開一看原來是水壺沒關緊就放進書包裡。

媽跟你講，水壺要放在旁邊，不要跟書本放在一起，知道了嗎？
哦！知道
諄諄教誨……

過兩天。背回家的書包又整袋溼答答！這次是……

中午喝一種湯，我不敢喝，有那種殼的，……所以我就……
蜆仔湯！
你就整碗湯放進便當袋，便當袋再藏進書包！！！！
好腥！

開學一個月之後的現在，書包已經被蹂躪得差不多了。我真的很慶幸沒有買很貴的夢幻書包，不然那精緻手工小羊皮書包被這樣惡整，我一定會心疼死。

也因此，我改變了想法，感謝幼稚園送我們一個初級生書包，因為這個包怎麼被踩、被弄髒、被泡湯泡水，我都能以平常心面對，並且心平氣和的告訴兒子如何正確使用。

媽是根本不在乎這個書包才沒對我生氣!
盡情使用吧

這個書包是用來學習的，讓孩子學習如何愛物，如何為自己專用的物件負責。當初我只想到美觀實用和風格，但是我忘了，孩子學習的過程裡無法要求完美。這個書包在一個月內再度的提醒我，孩子的成長需要許多容忍並接受不完美，我從書包事件中再度的複習了一遍。

等到你學會愛惜物品之後,
媽再買一個很好的書包給你!
Bye!
有必要嗎?
包包這種事情,我們男生沒差啦!

Style

07

家庭跳棋賽！

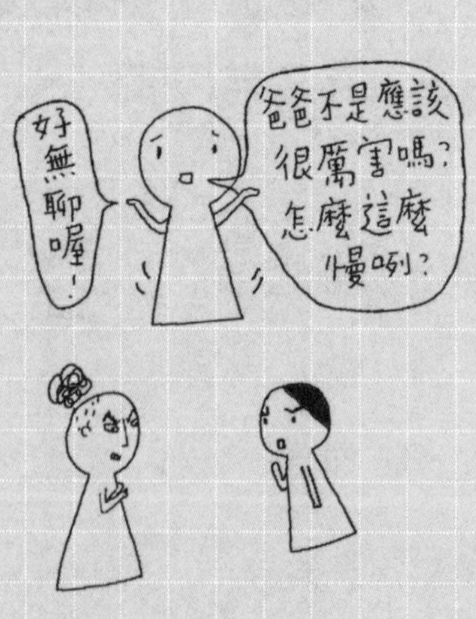
好無聊喔！
爸爸不是應該很厲害嗎？怎麼這麼慢咧？

夏天快結束之前去了一趟墾丁，這是一趟家庭旅遊。當初已經預想萬一玩累了，三個人都不想游泳，只想待在房間的時候該怎麼消磨時間？於是帶著有益智力的跳棋一同出發，以備無聊時之需。

墾丁去了五天，午飯之後就很想睡覺，加上外面的太陽還熾烈，所以午後都窩在飯店睡覺、睡覺、睡覺！

媽媽累爸爸也累，兒子雖不累，但可以趁我們睡午覺時盡情的看飯店的卡通頻道。

家裡沒第四台……
我都不知道有這種電視！
好讚！

連著幾天這副景象也實在太糜爛，身為媽媽的我看不下去，只好跳出來主導（雖然我也很想死睡不管）。

快快快
我們來玩跳棋！
啪
啪
……
不要啦……

把爸爸挖起來，好勸歹勸的要兒子把電視關了，然後把棋盤擺好，規則稍微講解了一下，我發現爸爸還是一臉疑惑。

這種棋子？
我沒看過
你們法國沒有？你沒玩過？

我還以為跳棋是全世界小孩都玩過的一種最簡單的棋奕，沒想到在法國不流行呀！但不管怎樣，跳棋這麼簡單的東西，誰都能馬上進入狀況，況且爸爸的五子棋無人能敵，跳棋算什麼呢！於是，家庭跳棋賽展開！

黃色先。兒子拿了黃棋想都不想就馬上跳出第一步。綠色第二。爸爸手執綠棋……思考……思考中（一分鐘過了……）

你就先跳出來，這樣後面才可慢慢理出一條路。
我在想……要如何規劃出一個強大的路徑！
快啦！

好不容易爸爸走出第一步。接著紅色的我不費時立即跳出，黃色兒子等不及的再跳一顆，接著又輪到爸爸，而爸爸還在思考跳棋必勝的基本原理，那認真的態度似乎想在今年年底交出論文一樣。

經過我的催促引導，爸爸放棄掙扎，壯烈的向前邁出沉重的一步！我為了不讓小福失去注意力，加快速度，幾乎一秒不到就再度跳出。接著小福以初生之犢的衝勁找到路徑，向前跳了兩步。紅的黃的又走完了，不到五秒的時間重新輪到爸爸。

爸爸不是應該很厲害嗎？怎麼這麼慢咧？
好無聊喔！
喂，隨便跳跳就好，想太多沒用！
不行
想這麼久，小孩坐不住的啦！

這個家庭賽，有坐不住的小孩，有沒玩過的法國人，有顧全大局的女性，整個遊戲的節奏非常亂！

不經思索就向前跳的小福實在沒耐性等爸爸，等得很無聊就滾去跳床，好不容易等到爸爸下完一步，我得呼叫兒子歸隊。

混亂！
混亂呀！
我得Hold住
待本山人觀來……

為了拉住兒子的注意力，我不斷講好玩的話來取悅他，而且不忘引導小福去思考每一顆棋子前後跳的可能性。畢竟這是益智遊戲，讓孩子學會觀察和組合路徑，是最重要的目的。

另一方面，為了加快爸爸的速度，我走的每一步都曾經想過是否能幫他造橋鋪路，以便他在下一輪可以順利抵達彼岸。

來，算看看你有幾個子離家出走？
也可以先動後面的子……
6顆！
……
我好忙……一人下三人份的棋！

我感受到這盤棋有著巨大的不協調，介於中間的我不能就此撒手不管，我這個母親必須控制大局繼續進行這有意義的家庭遊戲。於是默默的，我無人知曉的用心在棋盤下操控流程。輪到兒子，我給出很明確的暗示，等他順利前進時就讚美兒子好棒；輪到爸爸，我得控制好兒子讓他安靜下來，給爸爸時間思考……

你們兩個！
你以為你跳出那一步是你自己想出來的嗎？
你媽早在兩輪之前……
就安排好了！

似有若無的控制棋局發展，突然有種非常熟悉的感覺！這情況不就如同我平常在家面對家庭生活一樣！

今天該買菜、繳費、處理回收垃圾；明天該燙衣、吸地、滷一大鍋肉；昨天跟老師討論兒子功課；後天帶兒子去參加腳踏車踏青之旅……一切的一切默默的進行著，每一步都是事先經過巧思細細安排，以便之後各個環節能順利接上。

爸爸能夠一早起床穿上乾淨襪子、有早餐吃、有便當帶，兒子下課能準時接回、回家有點心嚐、假日有同伴相偕外遊，甚至公婆來訪備酒、備茶點，連話題都準備好讓大家快樂開講。

家庭能順利運作的這一切的一切，你們兩個，以為是順利發生的嗎？

是你媽隱身於後，
為大家的幸福……
努力安排的！

最後，身為紅棋的我先贏了，這是為了早點脫身來處理爸爸跟兒子的對抗。我幫黃棋兒子玩到最後，並且利用黃棋放了好多次水，默默幫綠棋建立路徑，巧妙安排兩者在差不多時間內達陣，讓兩者以實力相當的程度完成這一局！皆大歡喜！

以後還是讓他們出去踢球好了！
我省得麻煩。
是誰比較厲害啊？你說！
是我比較厲害！

MOTHER STYLE 4 TALK

四次招手再見

送兒子上學，到校門口分開前先親臉頰說再見，然後兒子再進校門。

小福進校門之後，還會回頭跟我揮手再見。揮手再見四次。

說好只能揮四次，不然不知道何時才停止。

我們都不想在自己揮手的時候對方已經走掉，那會有點落寞。

也不要對方還有一次揮手我們竟然沒看見，那顯得太冷漠。

所以就說好，四次。已經比三次多一次了。

於是每次轉身揮手第四次時，就知道，媽媽要走回家了，兒子也不會再回頭。各自忙去了。

操心

一天，看到臉書上有人分享一篇〈操心是否是家務的一部分〉的文章，終於看到把「操心」這件事納入家務，這種觀點，很有意思。

但是我覺得那篇文章還是解釋不足。操心不是只有操心。家務以及親子的工作中有「事務」與「事務」的連結和計算，這些內心的盤算、安排、整頓……這類型的操心並不算憂心但非常耗費心力，別人是看不出來的。光是冰箱管理、剩菜處理、食物保存順序……光一個冰箱在腦內計算的前前後後、進進出出，就是一個耗心力的工作。

那是一個看不見的工作。

誰知道在幫家人選穿衣服的時候，你已經預想著洗衣服時的分類？分質料、分顏色、分髒污內外，孩子出門時你已經想到深色衣物今晚將洗，於是幫他套上深藍色長褲，玩髒了回家可一併入洗衣機。

或是，天氣潮溼之日，出門前在屋內備好臨時衣棚，半濕衣物移到室內，開除溼機，出門六小時後回家剛好可以摺疊。或是，垃圾袋快沒了，衛生紙只剩兩包，統一發票上個月中二百元那張磁貼在冰箱上要記得帶著，辦完郵局瑣事之後順便到便利商店換取。或是，菜都切洗好，等爸爸回家前五分鐘下鍋炒。爸爸還沒回家之前幫小孩洗澡的時候讓瓦斯爐上的湯可以在微火中再燉三十分鐘。

諸如此類，心中永遠不斷的規劃時間，計算步驟前後的合理性……

照顧妥適的空間，有一種看不見的工作在進行著。大部分的男人不會懂。大部分的女人無法清楚表達在這方面她做了多少。當我在臉書上討論家務銜接的操心，我的臉書友Chi-Fan Sun留言：「家務的主持者要很有成全別人的心」。的確，是這樣一顆成全的心，使家庭運作。

寫到這裡，突然覺得，主持家務事其實是一件很難言的「優美的內心行動」，而且不得透露出一點狼狽！稍有差池，你內在的優美，那份願意成全他人的心，就會馬上被路人視為「委屈忍耐」而顯得毫無價值。

這個界線真的是太難界定了。

Style

08

帶小孩還是不帶小孩?!

自從小福出生後，只要是出門就一定得考慮帶著。連僅僅下車走到郵局門口寄一封信，都得好好的把孩子帶下車。

那時一歲多
光把車停好，
解開，
弄下車，這些動作……
原本3分鐘
的事，得花30分鐘！

即使只是三分鐘的事情，做媽媽的一定都要按照規矩把孩子帶下去。為了安全，我不敢把孩子丟著就去辦事，也不敢確保一定很快就回來。

你怎麼知道你一離開車子之後能順利回來？
人生總有意外！
萬一意外降臨在我頭上，怎麼辦？

萬一我下車只是繳個健保費，卻被搶超市的人綁架在商店裡，沒有人知道車上有個小孩在安全座椅上掙扎，若發生這種事，孩子不就一直被悶在車裡？

我常常想像著這種發生率萬分之一的恐怖情節，所以我不敢把孩子獨自放在一個沒有人幫忙的地方。

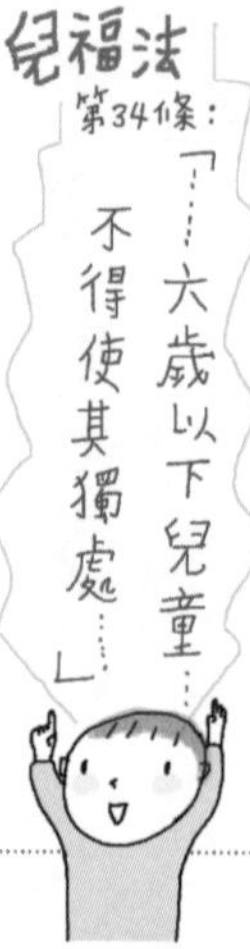
兒福法
第34條：
「……六歲以下兒童……
不得使其獨處……」

孩子再長大一點，三、四歲的時候，當朋友約著去哪裡聚餐時，我雖很想去，但總是一樣的問題——帶小孩還是不帶？

帶去嘛，如果孩子不受控制，我會吃得很狼狽，也影響大家聚會聊天的興致。即使孩子是在控制範圍內，我也不得多做逗留，必須在時間到的時候儘速離去，以免影響了孩子的作息。

跟阿姨們聚會時，你們嘰哩呱啦講個不停！那些話題我又聽不懂，所以我就搗蛋呀！
哇哈哈……
我們是自由奔放的三歲兒……

這階段的小孩很難讓父母好好的在餐廳吃飯，他們需要跑跳、需要遊戲。要他們乖乖坐著吃飯聊天，實在不符合這階段孩子的本性。

媽，你們聚餐可以去麥當勞呀！
我好不容易可以出去聚餐，你叫我吃麥當勞！

不過，我倒是很喜歡在一個星期裡挑一天跟自己的兒子上餐廳，像約會一樣。經常在帶他去游泳之後，選一家簡單乾淨的餐廳，兩個人飽餐一頓。這種感覺好像可以好好的跟兒子談些「正事」，問他對學校的看法、對同學的感覺。

你知道我媽為什麼要在我游泳之後去餐廳晚餐嗎？
因為這樣，我澡洗好了，肚子也餓了，就會好好把晚餐吃完
游泳後我會很累，一上車就睡死，回到家就直接抱上床！
還不是因為你是個很難入睡的小孩，我才需要處心積慮
你媽做什麼事，都是有安排的！

前一陣子阿福問我說，可不可以有一次假期把小福留在阿公阿嬤身邊，只有我跟他去度假！兒子就不帶了。

什麼？
這樣的家庭旅遊有什麼意義？
就我們兩個，重溫甜美世界……
不好嗎？

不是我已經不浪漫，而是兒子已經小一，滿懂事了，不需要餵飯換尿布，也不必隨時盯緊怕走失，跟著我們一起去玩有什麼不方便呢？

沒有兒子的度假是什麼景象？我想像著我們兩個大人在美麗的旅遊勝地享受著，看著山川河流的壯麗、吃著豐盛的異國美食。這一切美好的經驗卻不能跟兒子分享，以後想起來，兒子跟我們沒有這一段共同記憶……我一想到這畫面，就覺得沒帶兒子的家庭度假絕對索然無趣！

如果孩子大到不想跟父母一起旅遊，不帶他出門那還說得過去。但是現在小福還在很喜歡跟著父母到處跑的階段。六、七歲是多麼適合與父母出遊的年紀，這段時間過了，以後再也沒有了！怎麼捨得不帶著兒子呢！

他睡覺的時候也睡得很死，你是在擔心什麼？
說得也是！

你一兩個月也才見到兒子幾天而已，竟然想拋下兒子！真是冷硬心腸的爸爸！
我拋下兒子，也是跟你在一起呀！
我拋下兒子，就不想跟你在一起！

帶不帶小孩也不是我說的才正確，在別人的家庭有別人的互動模式，有些夫妻也許非常需要像蜜月一般兩人世界的旅遊。但是現在我內心的應用程式已經灌入三人為家的模式，缺一個，就覺得我內在的家庭應用程式會卡住沒辦法運作。

所以，媽上次買跳棋也是因為如此。
跳棋是三個人的遊戲……

老實說，帶著小孩出門我非常適應，不管是上餐廳、去辦事、聽演奏會、看電影、搭長途飛機……每一種場合都經歷過了，也已經很有方法面對各種狀況。

尤其是我這種四十歲才生孩子的媽媽，每次掐指一算，跟兒子相處的時間其實沒有幾年。所以我自己比較偏好去哪裡都帶著小孩，父母接觸的是什麼世界，孩子也要同時見識。

所以，只要是我想去哪裡，我都想要帶著兒子一起前行。

可是，你上次台北的座談會怎麼不帶我去？
你忘記你要上學嗎？而且，你出現會搶媽媽的鋒頭！
好啦！好啦！我喬一下時間！
那……
兩天一夜的行程，可以嗎？

Style

09

沒有圍牆的學校！

我兒子讀的是一間沒有圍牆的學校。起初我很擔心，小朋友會不會因為沒有圍牆就落跑到學校外面遊蕩。學校周邊都是馬路，雖然車不多，但還是會擔心安全問題。

沒有圍牆，那，外面的人都可以進來走動，會不會被壞人抓走？
真的要讀這裡嗎？

入學前在校園內遇到校長（就這樣像逛街一樣走進學校，然後就遇見校長了，這麼簡單！）校長聽到我們的擔憂，非常有經驗的要家長放心，學校除了教導校園安全之外，他認為他們學校的孩子彼此間能互相關照，發生了什麼異狀都能馬上反映給老師。

加上學校有個很盡責的警衛伯伯，他有很厲害的巡邏眼，哪個小孩想跑出去，或是哪個不懷好意的外人鬼鬼祟祟的想做什麼歹事，這位警衛伯伯都能夠很快的警覺到。

附近店家和居民都跟學校有緊密的聯繫，我們的防護網很密！
別擔心
校長
真的假的？
半信半疑

沒有圍牆的學校聽起來很酷，這種不怕孩子逃出學校的信念必須基於信任感。我們做家長的或許可以信任學校的安全措施，但更重要的是對自己的孩子有信心，必須相信孩子有能力面對沒有圍牆的自由，甚至得相信孩子在外人入侵、產生危機的時候，有能力應變。

老實說、、
但這也是最吸引我的一個特點！
是這一點，入學前我最猶豫的

由於沒有圍牆，每天放學後，家長走到學校接小孩，就像走到自家院子呼喊孩子進來吃飯一般自然。有些家長一走進校園，便不自覺的待上好一會兒才離開。

……放學了，家長的聚會剛開始……
這些媽媽都忘記該回家煮飯了吧……
我要下班了…
回家囉
不要
他們班週三有活動，我們……
問一下，我兒子最近……
還要在學校玩
嗨，XX媽你來了！
小朋友都跑哪去了？
哈囉
在操場玩

家長只要不趕時間，大家一回生兩回熟，話匣子打開，在校園裡開講到天色昏暗！所以整個上學期，我兒子幾乎都在學校混到天黑，因為當媽媽的我跟人家講話講得十分投入，甚至忘記時間。孩子看見媽媽不想走，也就趁機在溜滑梯、操場間盡情奔馳，總是玩到全身髒兮兮、體力耗盡，才依依不捨的離開學校！

好奇怪，沒有圍牆反而更喜歡留在學校裡玩。
孩子是，連媽媽都是。

光是方便讓家長進入校園，我就覺得這是非常有價值的觀念。進入校園不需要什麼戒慎恐懼的感覺，反而因為走進來是如此自然，家長也會東瞧瞧、西看看，幫忙學校注意下課後校園的狀況。

這裡有紅螞蟻窩！
小心！
注意，不要踩到！
小心這裡
我去叫警衛伯伯來。

我很喜歡待在那裡看著各年級小朋友之間的互動，看看別人家的孩子有什麼不一樣的特質。看到校園中有哪個孩子出現值得稱讚的行為，立即把握機會在兒子面前稱讚，希望小福也能學習別人的優點。

我覺得，家長都應該在校園裡多多觀察所有孩子的互動，這有助於在理解自己的孩子時，不至於陷入盲點。
←心得
打
抱
追

甚至看著隔代教養的阿嬤、阿公是如何有耐性的待在學校，等孫子玩到爽快再帶回去洗澡。看著一家一家的生活互動，頗有生活在共同社區的感覺。

有時候我太早到學校接兒子，沒人聊天時，就順便幫我那滿是灰塵的老車清洗一下擋風玻璃。

洗車？
你在學校洗車？
沒那麼誇張啦！我只是利用時間，運用保特瓶裝水，
把車窗洗一下下啦！
真歹勢！
這學校也方便得太過分了……

一個學期下來，認識的、看過的小朋友很多，和家長們也產生了同舟情誼。坐在校園的椅凳上大家互相交換教養理念，討論學校的活動需要什麼支援，在談話的空檔間，彼此互相關照小孩的安全。

哦！原來學校沒有圍牆的壞處並沒有發生！
可是，好處卻不少！

好處其實都在家長的身上。

我們這一代成長在高圍牆學校的家長，通常對學校都有一份距離感。但是在這裡突然發現，僅僅是少了圍牆，學校的視野變得更寬，學校成了平易近人的場所，放學後去接小孩成了非常愉快的家長聚會。

老實說，這個學校讓我結交了好幾位觀念上頗能溝通的媽媽。我從她們對事物的熱情和好心腸，感覺到成為小學家長的責任和幸福。

媽，其實有沒有圍牆，你們這些家長都還是可以找到地方湊在一起聊天吧！你的標題應該改成……
愛聊天的家長
喔！說得也是！！！

校園不只是提供給孩子學習的環境，當它也成為社區交流平台時，孩子、家長、學校和當地文化能夠一同成長，那真是最圓滿的一件事了！

我是家長

在法國的我跟在台灣的我是兩個大不同的媽媽。

在法國的拘束感和不知所措，讓我成為一個很少接觸學校事務的家長。其實那不完全不好。在我不熟悉的法國教育體制內，我是安靜無聲的家長，學校說什麼我就做什麼，從不給老師任何麻煩。

小福在法國是聰明謙遜的乖學生，爸爸去接小福放學時，老師常常跟他爸爸說：「全班都是小福就好了」。這樣守規矩的學生加上沒有意見的家長，老師很輕鬆。我常想，是不是我很「弱」，所以孩子在學校特別乖？

而他在台灣上學期間，有個經常到校關心的媽媽，小福的表現是否不同？

小福在台灣的小學是非常開放的校園，家長們隨時可以進校園進圖書館，不管是家長間的意見交換或是與學校的溝通，一直都很容易做到。

這一點我自己也注意到。絕不能以為家長很關心孩子在學校的一切活動就是對的，家長的過於關切有可能落入不客觀的角度。我得注意自己是否因經常出現在學校，而造成孩子恃寵而嬌的跋扈。

既要熱情關心又要低調謙卑，身為家長不是一種固定的姿態，我們得因著孩子的變化而調整。

Style

10

自己整理東西！

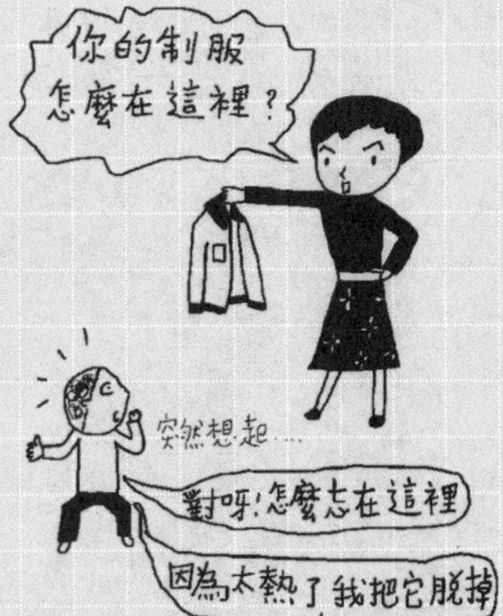
你的制服
怎麼在這裡？
突然想起……
對呀！怎麼忘在這裡
因為太熱了，我把它脫掉

從一年級的第一天開始，學校老師就一直叮嚀家長要讓孩子自己整理書包。我非常認同讓孩子自己處理上學的物品，該帶什麼功課回家，該帶什麼東西出門，這些都應該讓他們視為分內的事，讓他們自己處理。當媽媽的我要克制自己，不要主動幫孩子收拾書包。

我想跟學校配合，
但，
兒子不跟我配合！

比起學業，孩子在生活上的成長是我更在乎的事情。我兒子到現在對於整理書包這件事還是懵懵懂懂，不管我怎麼解釋、怎麼引導，他就是不放在心上。而且，每次打開他的書包，我就發現自己很不瞭解兒子的世界。

我不是買鉛筆盒給你，為什麼鉛筆都不在鉛筆盒裡？
老師說要趕快整理桌子，我就把全部的東西都丟進書包，這樣最快！

書包裡一堆小東西，倒出來看，怎麼有不認識的鉛筆？

你拿同學的鉛筆回家嗎？不可以拿別人的東西，明天還回去
自家的
可是，他們也拿我的鉛筆呀！
誰的？

一盒色筆，現在只剩七枝，原來是同學借走。

借給同學用很好，你很慷慨！
但是要記得拿回來，知道嗎？
好！
其實從來沒有拿回來過，就這樣消失了！

原本鉛筆盒裡只有一把尺，現在不知為何變成四把？問他是誰的？他也搞不清楚，就說同學借他的鉛筆盒去玩，回來之後就是這樣。

咦！原本的橡皮擦呢？
這就是原本的橡皮擦！
我用尺把它切開，切三次就有四塊。

書包裡還藏有不知為何收進去的樹枝、樹葉和石頭。不過，有一次看到摺紙摺得非常漂亮的紙青蛙，我很好奇。

哇！這是你自己做的嗎？
不是
是黃OO做給我的！

他還有摺「東西南北」給我！你看！
哇，好厲害喔！很好耶

像以上這種同學間交流的「有意義」、「有趣味」的東西，不管我多麼展現鼓勵和讚賞，但也只有出現一次！

Well，孩子總是不如預期！
莫・失・望

有一回上學，我遍尋不著制服，正在疑惑的時候，突然想起前幾天洗衣服，我根本沒看到他的制服。於是又把兒子抓來詢問。

你星期二那天沒有穿制服回來嗎？
完全沒發現兒子忘記穿制服回家的媽媽
……A…吾…嘸栽…
星期二是制服日，但我忘記放學……

問也是白問，我直接到老師辦公室的「失物招領」區翻找，竟然也沒翻到！趁著人已經在學校就順便走到活動教室，看看兒子才藝課活動情形；從窗戶外面鬼鬼崇崇張望的我，發現在那個教室的角落有一件白制服扭曲的擠在一旁。一直等到活動結束之後，我進去揀出來看，果然是我兒子的制服！

你的制服怎麼在這裡？
突然想起……
對呀！怎麼忘在這裡
因為太熱了，我把它脫掉

某一天，早上天氣很冷，一到中午又轉熱，我知道原本穿著一層又一層衣服的兒子一定會脫到剩最清涼的那一件。去載他回家的時候見他書包、餐袋、外套、背心、制服全部扛在身上，我要

MOTHER STYLE 5 TALK

放學報告之跳得更高的方法

走了一小段路，過了一座天橋。小福一直在談踢足球的心得。

小福：「媽，你知道嗎？平常如果我們人想跳得高，其實不能跳很高。可是如果那裡有一顆球，我們可以跳得比平常更高。」

說完，一直在路上做動作給我看。跑過來，跳！跑過去，跳！

我：「小心啊，不要跳到馬路上！」

小福：「你有沒有發現，其實沒有球我不能跳太高。可是如果有一顆球，我可以跳比這個更高！」

我：「……嗯嗯……」(我哪知你跳到哪裡算是高？)

趕快，雖然我不知道他到

他把所有東西放在前座，然後跟同學再見之後母子倆就開車回家。

我猜是因為班上同學一下課就奔往遊戲區玩耍，大家的東西都堆在休息椅上或是直接丟在地上，可能是某個裡面穿了短褲的孩子脫掉長褲，衣服跟小福的混在一起，就這樣被我帶回家。

於是，我只好打這種電話……

整理東西這件事，一年級的小朋友實在還要多加努力呀！

底能跳多高，但是這是一個機會教育。

我：「所以說，如果人有一個目標，就可以做得比沒有目標的時候更好。」

小福：「蛤？」

我：「目標就像球，球在你頭的上方，你就會拚命去抓它。如果沒有球，你不會用力跳，不會達到目標。所以人都要有一個目標才會使勁去做事，才有意義。」

小福：「蛤？我不懂妳說什麼耶……」（真的一副聽不懂的樣子）

我：「好啦好啦，算了，反正你知道那個為了球跳起來的感覺就好。」

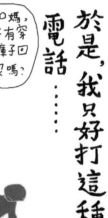

Style

11

叫小孩起床！

早上。七點五分。我已經起床一小時，先煮了燕麥片，滾沸後放爐火上等著。燕麥片要放上二十分鐘才會軟潤好喝，半個小時之後溫度剛好入口，所以一起床就先煮燕麥，然後才慢慢梳洗、更衣，喝早茶、吃早餐。

起床後第一個小時
這麼悠閒呀！
靜
那是因為……
接下來我需要強大的能量！

媽媽該做的事情都準備好，我開始叫小福起床。

原則上應該在六點半叫孩子起床，但是每次看到他睡得那麼熟那麼舒服，就婦人之仁的把時間向後延。

喝完我的早茶。接著我必須調整平靜無波的情緒讓它變得非常戲劇性——我家的早晨都得先演一齣戲，劇情得刺激精采，唯有如此，早晨時光才能皆大歡喜。

六年來的經驗告訴我，如果用一般大眾化叫孩子起床的方法，我就輸了。充滿母性光輝的用語：「寶貝，起床了，你上學快遲到了喔，快起來～」

這種話只會削減我自己臉上的光芒。

Z Z
再有同情心也沒辦法再晚了！兒子！
現在，一定得挖起來，已經
七點零五分了
GO

乖，mon bébé，快起床
來，上學囉
汰耶攏
叫咪起來
無光
臉上
叫半天也不理我！
ZZZ

我已經放棄一般的做法很久了，目前研發出數種叫起床的方法，依不同時期、不同階段出招，偶爾可以重複使用，但是大部分都得創新。

是因為我家的是男孩的關係嗎？怎麼我家的教養都沒有一招見效的？？？
心結
有效個兩、三天，又得換招重來。
招式中如果沒有笑點、趣點、驚奇點，他根本不甩你。

細說太麻煩，還是直接演出好了。

注意!!!
地上已經變成火海
……你醒來後不能把腳踏在地板上
ATTENTION
ATTENTION
什麼？

聲音還要改成緊急事件的電腦音。中間要自己做音效增加效果。睡蟲立即驅散，小福馬上對這個主題充滿興趣！我見他眼睛已經睜開！再加碼添上兩句。

火海魔一直噴岩漿過來！
快，馬上跳到媽媽身上，我
運送你到綠洲！
清醒
好衝！
火海魔就是你媽啦

不需要一分鐘，兒子馬上被我送到綠洲廁所，在馬桶裡噴出滅火水柱。我跟他說（必須使用很緊急的語氣）：「快！快！用尿尿之水把火海的溫度降低，用溼毛巾冷卻你的頭臉，這樣可以維持十秒低溫，你就可以踩著媽媽的腳背行走到餐桌。」

?
冷卻！
加把勁！

快，媽，只有十秒！
抓好，到椅子那邊你就安全了
這……有必要演得如此認真嗎？

整段大約這樣，五分鐘左右，小福就能順利坐在餐桌前清醒的用早餐。

清醒的速度雖然很快，但因為之前我婦人的仁慈心腸拖了十五分鐘，太晚叫他起床了，早餐也得稍趕一下。

這是火海魔的祕密武器，炎爆手榴彈擊破它！
好！
再把薩菲爾岩漿吞到你的肚子裡，你就有一樣強大的火力！
燕麥粥
包子

就這樣引導著我那吃飯超慢的兒子不浪費一絲發呆的時間。十分鐘解決了整個火海魔地下組織。

快！我再送你到玄關穿鞋！只要穿上鞋子，火海魔就沒辦法燒到你的腳！
哈！火海魔！
你輸了
你就自由了！

穿鞋、背書包、跟阿公阿嬤說再見。我開車送小福去上學。早上只要過了這一關，這一天就順利開始了。

唉！我知道！因為媽媽還沒研發出讓你早睡的方法！
可是，我還是常常遲到……
好！
我們一起加油好不好！

MOTHER STYLE 6 TALK

進入世界的方法

兒子已經會用google翻譯器了！

世界快要變成他的了。

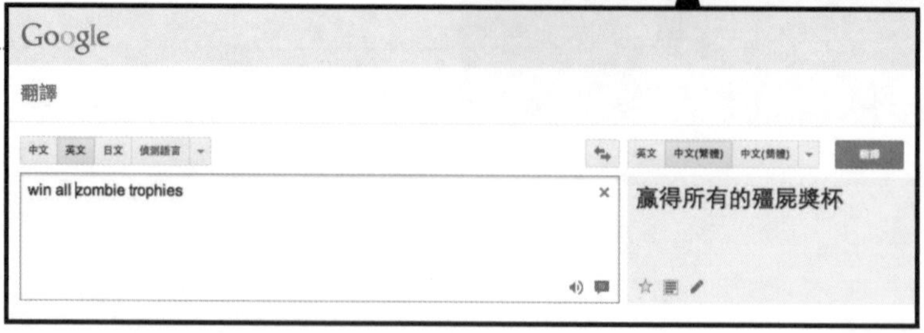
Google
翻譯
win all zombie trophies
贏得所有的殭屍獎杯

Style

12

邀請同學來我家！

我還要留在學校玩啦!
我不要回去!

我是一個愛找麻煩的媽媽。

嗯，應該說因為不想被兒子單獨麻煩，所以乾脆讓一堆小孩麻煩，這樣一次服務多人感覺比較划算，我比較不那麼煩。

當然，最主要的是因為我只生一個兒子，獨生子最缺乏的就是玩伴。雖然上學時有很多同學一起玩，但是放學後，就必須跟所有的同學分開，小福每次都心有不甘。

快回家!
快,我已經等一小時了!
呴,玩夠了沒

即使心有不甘、無法散場的兒子，也必須面臨同學都被爸媽帶回去的殘酷事實！不情不願的跟我回到家，小福的玩伴對象換成媽媽，要我跟他玩遊戲卡片、畫圖、拼樂高。可是我忙著煮飯、打理家務，對他的要求很不耐煩。

媽都敷衍我! 唉呦! 我好無聊. 我要去玩Wii
媽,我玩Wii哦!
不行
手忙
你一玩就不能收場,不可以.

每天都跟兒子對抗這無解的親子難題。功課在學校已經寫完、回家後澡洗好，孩子還有很多時間，我能不陪嗎？不陪，他很容易淪陷在各種不同的電子遊戲中，沉迷了就完全不需要媽媽，到時候喊他吃飯、睡覺，甩都不甩你。

不行，我得想個辦法……

我的辦法也沒什麼創意，就是延後分開的時間，把同學請來家裡玩並且一起吃晚餐。

這是一件皆大歡喜的事情，而且我發現同學來家裡好處非常多。第一個好處是孩子們會比平常聽話，很好控制。

我不要跟同學分開啦！
好！那我們請同學來家裡玩！
你們要聽話喔，我說該做什麼你們就要做什麼，不然我沒辦法照顧這麼多小孩……
聽著！
好，要聽話！
我也要，我會乖！
好 一起玩，一起玩 好

為了跟心愛的同學一直玩不要分開，小孩子都願意接受我事前提出的條件。分別一一勾小指蓋印章之後，我接著打電話給家長，跟他們說孩子我帶回去了。

○○媽，你好，我兒子想邀請你家兒子來家裡玩…
那小孩就一起在我家吃飯好了
西啦，西啦。
鶴啦，鶴啦。
真是很麻煩你耶，歹勢啦
看要不要順便在我家洗澡啦！
你帶回去就直接上床睡……
這戶人家會不會對我小孩有企圖？??
甘蝦啦！
也是會擔心

第二個好處是讓忙碌的家長可以短暫放下小孩，好好吃頓飯再來我家接人。但是一開始不太熟悉的同學家長都不放心，很疑惑為什麼有個同學的媽媽喜歡幫人家帶小孩？我得跟他們解釋我兒子喜歡玩伴的心情，拜託他們讓出孩子兩、三個小時給我照顧。

我覺得很好玩，完全不會麻煩！真的，真的！
那孩子我帶走囉！
謝謝了
噢，嗯
半信半疑
難道是她以後要開安親班？現在做免費廣告？

帶孩子們上車，回家短短的路程當中，我會先跟他們約好聚會的順序。

我們先講好回家之後做什麼！
第一，全部都去洗手、洗腳。
好
第二，小福去洗澡
好！
好。
第三，不洗澡的就幫我煮飯，知道嗎？
知道
載一車小孩快樂返家！

「什麼？叫人家的孩子在你家幫你煮飯做家事？」對啊！他們都很願意耶！因為我讚美他們很會做事，讚美他們乖巧。不管他們做得如何，我們一起做家事時會聊天，我可以順便探聽學校的八卦。

洗米要這樣……三杯米用三杯水……
等一下要摘菜哦！
媽
我也要洗米和摘菜，等我…
平常都叫不動，同學來了就變主動！

接著我會給他們一個目標，比如指針指到六要把功課寫完，或是畫一個小孩子怎麼煮飯的故事（把剛剛教的事情再度複習一次）。趁他們忙於完成任務的時候，我趕快弄晚餐。

真好,
終於可安靜做菜,不受干擾!
大人小孩,各忙各的

小孩湊在一起總是有很多事情可做，聊天、講笑話，甚至爭執，其實都不太需要大人費心。我可以在廚房玩我的兒童料理，時間差不多時就把他們請上桌。

好,先去洗手,然後大家一起吃飯.
我喜歡吃麵條!
哇,好好吃的樣子!
讚
有紅蘿蔔沙拉
小朋友真好騙,其實根本沒什麼,都是簡單的食物,只要擺得奇妙有趣就好了!

小孩的歡樂時光也是我的歡樂時光，所以我很喜歡邀請同學來家裡玩！

Style

13

與天氣對抗！

你要去買好一點的
冷暖氣機啦！
大部分的家庭
都沒辦法那麼富裕，
在富裕之前就是親子同房，
這是最省錢最方便的。

某天晚上半夜時分，兒子醒來，非常理智的問我冷氣遙控器在哪裡？我知道他熱醒了，也沒吵鬧也沒哀號，在黑暗中尋找遙控器。

媽，我開一下冷氣喔！
窗型冷氣
喔，好。

帶小孩回台灣這一年，我覺得台灣的天氣對於有較幼小孩子的家庭，真是一項很大的考驗。決定如何照顧小孩也會因為氣候的不同，而有各家應對的方法。國外的育兒理論一些無法執行的部分，在我個人的觀察裡，也跟天氣有關。

就拿是不是跟孩子同房而眠來說，因台灣的氣候跟國外不同，要台灣的家庭跟孩子分房睡覺是一件不簡單的事情。

與法國公婆Skype中……
小福有自己的房間嗎？
有啊有啊！
PAPI, Mamie!
自己一個房間才能學習獨立！
我
其實他的房間只放他的玩具！睡覺還是跟我一起……

不是不讓孩子自己一個房間，而是夏天的時候真的是又熱又溼，沒有開一下冷氣，連大人都難以入睡。而電費這麼貴，收入又很微薄，母子分房怎麼經濟呢？我一台冷氣、兒子也一台，這樣浪費電，對嗎？

冷氣一整晚開下來，隔天孩子就流鼻涕。如果不開冷氣，又怕隔天孩子皮膚紅癢。相信我們做家長的「同行」們一到睡眠時間，都在斟酌到底要把冷氣調幾度？到底要吹多久？

那是夏天，冬天雖然已經沒有開不開冷氣的問題，但有時候非常溼冷，必須開暖氣。暖氣也一樣，稍微溫暖，孩子就踢被。萬一暖氣變頻不是很靈光，你就得起來蓋被子，否則小孩又要感冒著涼！

台灣的潮溼幾乎是長年如此，這加重了寒熱的不舒適感。夏天身上薄薄一層汗，走進室內又到處有冷氣，所以帶孩子出門都還得記著要帶一件薄外套。

潮溼的氣候很容易有病菌滋生，在台灣每個家長幾乎每天都在對孩子喊：「去洗手」、「不要亂吃手指頭」、「地板髒不要摸」。生活在潮溼環境中，家長擔心細菌病毒入侵的呼叫聲此起彼落，這種頻率比起我在法國聽到的不知高出幾倍。

所以人家說老外的小孩在外面玩得很髒都沒關係，他們任孩子自由發展，並以此來懷疑台灣的父母照顧過分。這一部分的差異以我的觀察，我覺得還是由於氣候不同，尤其是潮溼的緣故。

在法國我都直接穿鞋踩進客廳。在台灣如果這樣做，所有人都會大叫！
把鞋子脫掉放好！去洗手，快！
順便也漱口！
沒洗手，不准吃東西！

說一個我家的例子。天氣熱的時候我們去墾丁。

出發前
脫衣玩水、奔跑、吧啦吧啦……
穿外套？別保護得太過分
來，外套拿好
好
在車上
可以請司機把冷氣調弱一點嗎？
跟你說會冷，還不信！
在陽光下
啊，我的皮膚好痛！
我們有薄外套防曬乳，誰叫你不聽我的！
爸爸不懂這裡的太陽

台灣的溼熱也很容易有蚊子，一出門如果沒有噴防蚊液或是穿長袖長褲，回到家勢必「紅豆冰」，萬一是「黑V仔」，還得癢上一個暑假。

我覺得天氣的影響很重要呀！
大家都在談帶小孩的方法。有沒有專家會從地理、氣候的角度去討論？

不過乾燥的地方我也很怕。我法國家的周圍都是松樹，只要春天一到，空氣中滿滿的黃綠花粉粉末，怎麼逃都逃不掉！我兒子只要春天來了就紅眼、流鼻涕，還曾經因為感冒引發氣喘把我嚇死了。只要有花有樹葉的季節，他都在過敏的狀態中，只有冬天才可能整個穩定下來。

哈啾
唉，有困難……
我們可以搬家嗎？
我好想逃離松樹！

養兒育女的日子裡，天氣的好壞默默的影響著家長的決定！不要說只有農夫才注意氣候，當爸媽的在天氣狀況不理想的時候，帶小孩也會變得麻煩又辛苦呀！

好啦好啦！
媽媽，好熱喔！
本來應該去公園運動的！算了！
改去逛百貨公司吧！外面真是熱得不像話呀！
少來了
是你原本就想逛百貨公司吧！

MOTHER STYLE 7 TALK

生命科學研討

睡前跟兒子聊天。

小福：「我曾經想過，為什麼會是我？我是怎麼到我的身體裡面？而你為什麼是你？爸爸為什麼是他？」（哇，是生命科學研討開始了嗎？）

我：「你是我生出來的，所以就是你。」（簡化，看他怎麼說？）

小福：「可是生出來都一樣，你只是生出了人，但是為什麼這個人會是我。」

我：「我不懂你的意思，你可以再說多一點嗎？」

然後就隨便胡扯到超過十一點。

我沒有什麼好引導，就是母子倆人亂講，亂想。

Style

14

排暑期活動！

從來沒想到小學生的暑假竟是如此的忙碌！

我是在幫董事長
排屎給久嗎？
schedule
看網路的
討論
喂，請問

學期結束之前，我忙著把五花八門的暑假活動一一檢視過濾。這些宣傳訊息來自各種才藝班、公家單位、公司機構、學校，甚至至百貨公司……各種傳單以及網路消息完全的淹沒了我。

YES!
HOT
我們終於要經歷
一個真正的台灣
小學生的暑假
très chaud!

哇，好多可以選！
又很便宜。以後回法國
可就沒
那麼
好康！
Swimming
Concert
SUMMER
Vacation
2012
俗擱
大碗
哪！

暑假兩字看起來很歡樂，但大家都知道（許多人也經歷過），那長達兩個月炎熱的假期對家長來說，有可能是一場龐大的惡夢！

我為了避免精疲力竭、燥火攻心，也避免兒子過得邋遢混亂，暑假之初就完善的規劃各種活動，來應付孩子旺盛的精力。

媽，我要選
同學有參加的
那種！
我知
只有跟同學朋友玩 才能叫
小福出門！參加什麼活動都
不重要。重點是有同學一起玩。

活動雖然很多，但是要挑選到孩子喜歡的、有動機參加的、年齡適合的、時間搭配得上的、費用付得起的……老實說真的很不容易！我幾乎花上一整個星期在處理董事長的行程。

媽媽有她的行程得和我搭配，爸爸來台的家庭旅行也得和我配合……
以前當宣傳幫歌手排通告也沒這麼仔細過！
有的一週兩次
有的天天上連續兩週
有的只有上午，
有的下午！

我的兒子是那種最普通的小學男生，也就是只要讓他待在家裡，不是要求玩摩爾莊園就是賽爾號。當他玩久了，我開始盯人，要求關機。他關掉電腦卻走向電視打開Wii，我再度制止，重申電玩遊戲時間的限制；兒子一心關注螢幕上的假人，對真實媽媽的真實憤怒置之不理，然後我咬牙切齒全面封鎖電玩。接著他會悄悄的消失，再度發現的時候是，他從我包包裡挖出iPhone，蹲在角落靜靜的繼續他的遊戲……

你在做什麼

你到底有沒有把媽媽的話聽進去！?！
好啦！
還你。
等一下玩wii

我不願意每天都在重複這樣的戲碼！所以一定得靠這些才藝班、暑期夏令營來助我一臂之力！

你一定要去學游泳
不要
你去參加音樂班好不好
不好
你想不想去練桌球
不想
挫折

明明都是一些好好玩的遊戲，還可以一邊學習，為什麼小孩子這麼難伺候？做父母的要怎樣鼓勵才能創造孩子的學習動機？

蛤？
花錢要你去玩，還得給你鼓勵？
我又是習慣性說「不」，又沒有耍大牌！
我自己都想去學了，你別給我耍大牌！

我自認為把兒子的暑期活動排得很恰當，不鬆不緊、有玩有學、有靜有動，有持續性然後又不貴。

這位歐巴桑，你一直在意錢的事情？
哎喲！
真的啦！費用、支出在一個普通家庭裡，本來就是做決定的關鍵。
喔厚厚厚……
哎喲！我就是斤斤計較的那種花媽型阿桑柳！

總之只要讓他上了軌道，在活動中交到幾個好朋友，他就能從中得到樂趣，學到一點什麼。即使沒有學到什麼，至少不會一直宅在家裡與我對峙。

可是，媽啊，我玩電腦學到很多東西耶！
但身體也要動呀！不然長不高怎麼辦？
還有，眼睛會壞掉！
是啊，你明知道嘛！

今年暑假我就靠這些各式各樣的暑期班幫我照顧小孩，趁此趕快努力專心的把多出來的稿子處理好。不然孩子放假讓我無法工作，那種焦慮會讓我心急如焚，不耐煩時的脾氣可是燒得比夏天的高溫還火爆啊！

MOTHER STYLE TALK 8

被我偷聽到

小福正在聽網路上Wii music玩家的影片，自己一邊照鏡子一邊跳舞，發出了這樣的感嘆：「音樂如果沒有Bass就會很孤獨。如果沒有Harmony就要有兩個percussion。」

所以，媽媽長不高，眼睛也壞掉？
喂！
媽是在工作！跟你不一樣！
也是在看電腦螢幕，哪裡不一樣？
大人理由真多！
吼，下次寫你頂嘴的事！

電玩限制

在所有家長都在想辦法制止孩子「不要接觸電腦、電玩」的這個時候，我對這件事並不嚴格。雖然我也跟大家一樣，不想要孩子被網路世界綁死，要孩子別活在虛擬遊戲中。至少看看漫畫吧？看看媽媽以前沉迷的世界也好。

其實在我成長的世代，小學階段的孩子看連環漫畫，是被整個社會、家長、學校所反對的，大人可以提出一百個理由告訴我們為何不好，但是我們只有一個理由——喜歡看啊！

稍微看一點還行，若是看整套整套的大部頭漫畫，很容易遭致父母責罵。可是，漫畫怎麼可能只看一本呢？一定是一本接一本連續看下去的呀！

記得我小時候愛漫畫也愛看電視，看電視看多了一樣會被唸。但我寧願看電視也不情願跟父母出去郊遊！我清晰記得當時的感受，那些東西就是吸引我，但小時候的我說不出為什麼？後來自己慢慢體會出那些電視節目、漫畫故事裡的趣味是，我與內在的興趣能互應的；或者說這些大人看不上眼的幼稚內容，能一再的喚醒我潛在的天份。

我兒子對於電玩的興趣，跟我小時候愛看漫畫的情況很像。因為遊戲中有他的天份能互應的趣味，在這件事上讓我看到他的意志力和解決問題的耐性。

並不是每個孩子都喜歡電玩，喜歡電玩的也不見得每一個都能解決遊戲時遭遇的困難和硬體設施不足的窘境。但我看到兒子運用google搜尋、運用youtube找專家解釋影片為自己解決問題，讓我很驚訝。他為了瞭解更多，一個人默默的用翻譯軟體查英文、寫英文與外國人對話，讓我懷疑孩子為了電玩而產生積極學習的態度，我是否應該鼓勵他？

我不喜歡限制小孩，原因也在於我個人的經驗。

有些小孩天生很清楚分寸，這種氣質的孩子一旦被制約了，就可能顯得事事膽怯。我自己就是那種只有完全自由的環境下，個人的潛力才敢發揮出來的膽小鬼。就像有人站在我後面看我寫考卷，我一題也答不出來。站在我後面看我畫圖，我連一張也畫不好！即使站在後面的人什麼話也沒說，那種限制感影響了我整個思緒的靈活度。

所以我覺得限制是一件很討厭的事情。

當自己成為媽媽，我希望在「限制」的另一面，改以「講信用」去加強兒子的自律。他什麼都可以玩，但是我們會有協議，要講信用，他自己決定玩到什麼時間、做到什麼程度，自己講的就要遵守。（一次又一次的訓練「講信用」，當然有時候成功有時候不成功，但「成與不成」兩種狀態，都是很重要的學習過程。）

他沒有燒壞腦子也沒有缺少想像力，目前為止，功課也很好且熱愛運動，兒子很希望自己是宅男（以為宅男是一種工作可以一直玩電腦），也同時聲明在玩過Minecraft（創世神電玩）之後，他未來要當建築師。

我容許所有可能性同時進行，做好心理準備。

像我這樣帶孩子，有可能帶出一個眼睛很糟、沉迷網路、體弱虛胖、事不關己的宅兒；但另一方面我仍確信，育兒教養的方法，是來自於你對自己的孩子的瞭解，以及親子間合作的最佳狀態。

Style

15

蛋糕數學課！

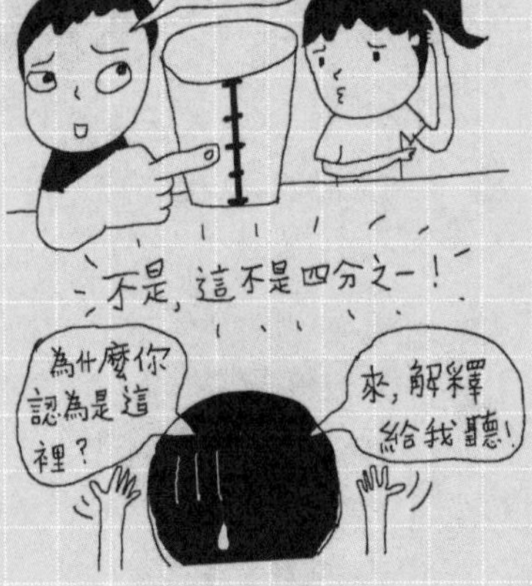
這裡....
不是，這不是四分之一！
為什麼你認為是這裡？
來，解釋給我聽！

有一天，我約了小福的同學來家裡一起做香蕉蛋糕。

我兒子對廚房的任何事物都沒興趣，不要說是料理製作過程，即使是簡單如洗碗、好玩如捏麵團，他完全沒有參與的興致。

不是有一種讓孩子在廚房工作中學習的親子教育嗎？
帶不動我兒子
但，我就是

不過，再無聊的事只要有他的同學和朋友一起做，他又變得神采奕奕，愛做得要命。

首先，你們先把香蕉皮剝掉，然後用叉子搗碎！
我要做
好

我用叉子坦克車把香蕉壓扁扁
攻擊
喂！
你不要弄到盤子外面啦
幸好是邀女同學來家裡一起做！
兩個男生的話……

我一邊收拾廚房，一邊發號施令要他們兩個把材料準備好。

然後，我要四分之一杯的牛奶
四分之①
?
阿姨，那是多少？

在製作蛋糕的同時，我趁機教導他們一些做家事的規矩，比如每個動作做完之後，都要隨時清理桌面和工具；也要他們做到把食品材料取出分裝後，要立即放回原位的好習慣。當然秤斤論兩的過程中，我順便也加進一點實用的數學計算。

四分之一杯就是杯子的四分之一
杯子獲得四分？那盤子是幾分？
ㄓ一？知道一？
杯子知二，知三嗎？
什麼？！

起初我還不知道四分之一在他們的腦袋裡到底發酵成什麼東西？從他們的表情中，只看到做蛋糕的興奮勝過疑惑。於是我再說一遍：

「你們給我四分之一杯的牛奶。」

管他，
四分就是很多分，盤子、叉子，媽媽都沒說它們得幾分！
所以，四分就是很多！
我來倒
知ㄉ一？知ㄉ二？
仍不解

於是，兩人端來一杯滿滿的牛奶。

不是這樣！
你們還沒學過四分之一嗎？
沒有
好，我跟你們說，就是一個杯子，我們分成…
…

我感覺我已經講得很清楚，也在杯子上用油性簽字筆均等的畫了四等分，跟他們解釋一個杯子可以分成兩份、三份、四份……不限，幾分之幾就是從均分的分量中去計算。

「懂了嗎？」

「懂了！」他們回答。

「好，現在指出四分之一的位置在哪裡。」

這裡….
不是，這不是四分之一！
來，解釋給我聽！
為什麼你認為是這裡？

我講半天，又畫杯子又舉例，竟然兩個小朋友還不瞭解，我想知道是哪裡卡關？

媽媽，那如果十分呢？
來，我們把杯子畫成十等分。
十分也一樣呀
可是媽！你只畫九分
要分成十份就要平均的畫九條線……
諄諄
打蛋器知道三嗎？

一番混亂之後，我察覺這兩個小朋友被「分」跟「份」卡住了。他們不知道為什麼我把杯子四等分，卻畫三條線；對於「之一」的意思也十分模糊。

MOTHER STYLE TALK 9

跟別人換心

小福：「媽，你知道我現在很想嘗試一件什麼事情嗎？」

我：「玩電動。」

小福：「不是！（表情呈思索狀）是……我想跟別人換心。」

我：「你要跟誰換？」

小福：「我要跟所有的人換換看。這有可能嗎？」

我：「你是說交換靈魂嗎？就是你變他，他變成你。」

小福：「嗯嗯，我想要感覺別人真正的感覺。」

我：「我覺得這不太可能耶，應該只有演戲才會發生吧。」

接著我就說一個日劇，老爸變成女兒，女兒變成老爸的那個劇情給他聽。

他覺得太好笑！

我：「可是，你不用跟別

我們在教室,如果表現很乖,得一分,老師就會幫我們畫上一條線或是貼一個貼紙……
可是,媽媽說四分卻只畫三條線
四分之一
得分

後來，我把四「分」的發音改成四「份」，加重四聲讓他們的腦筋能夠轉得過來。

「請你們給我杯子裡四份中的其中一份，我要四份中的一份牛奶，」我再度要求他們先用手指頭指出哪裡是四分之一的位置。

這裡!
猶豫
這樣是一份
不是啦,那是…
牛奶倒下去,不是會掉在下面嗎?所以要從下面算起

藉著做蛋糕的機會，我們反覆的練習，二分之一、三分之一、四分之一、八分之一……我想他們現在應該很瞭解了吧！

好,現在給我一又二『份』之一杯的麵粉
什麼一又二份之一?
已經分成二了,怎麼又多出一個一?

人換心，也可以去想像別人的感覺啊。唯一只有身體真正的感覺你不會馬上知道，像是他突然屁股癢你不會知道（小男孩就是要這種低級的內容才會抓住他們的注意力），但是他心裡的難過你用他的感覺去想，你可以感覺得到。」

小福：「這樣嗎？但是，那還是不是很真正的感覺。」

我：「不要再講了啦，已經十一點了不要再發展新話題了啦！眼睛閉起來，我快累死了，你有感覺到媽媽累死的感覺嗎？」

然後，強迫關燈。

以上，今晚。

Style

16

一起做功課！

你相不相信媽可以在一分鐘內把最後一段課文背起來，你能贏我嗎？
一分鐘，我不相信。
好，你現在看時鐘，秒針跑一圈你就喊停！
OK！看你能多厲害！

老師在家庭作業中交代，要小朋友默背國語課文。於是在晚餐、洗澡等瑣事都處理好了之後，我問兒子：「你課文背好了嗎？」

反正，我都知道怎麼唸，這樣就可以了啦！
不行！老師說要背就是要背起來，不可以……
太草率！
← 家庭聯絡簿

像這種狀況，硬要小孩背課文，他一定是拒絕的。我兒子雖然不是很難搞，但是小孩該有的麻煩個性他也沒有少，來硬的、來軟的都難叫他服從，要讓他高高興興願意主動配合要求，做媽的我一定要來點……他想不到的。

你相不相信媽可以在一分鐘內把最後一段課文背起來，你能贏我嗎？
一分鐘，我不相信。
好，你現在看時鐘，秒針跑一圈你就喊停！
OK！看你能多厲害！

老媽已經四十好幾，還要跟你一起背課文，拚了！即使記憶力的雕刻刀已經沒有那麼銳利，但是，哼，二年級的課文算什麼，馬上背給你看。

一分鐘到！
開始！
……打開相簿，生活剪貼……
哈
你錯一個字！
那，你能嗎？我看你會背錯更多。
好，我背給你聽，我只要30秒！

呵呵，中計了！就這樣，從最後一段往前背，我們兩個人花不到一刻鐘，就把背誦課文這件功課做完了。

我說背課文很簡單吧！比洗澡還快
快睡吧
抓
背
我是不是被騙了？

印象中，我的小學時期，媽媽曾經有一次陪我寫功課。那一次的景象一直在我的記憶中非常清晰，因為我媽也用這種招數來刺激我。

我跟你拚了
你的空白作業簿給我一本，要寫幾行？
我媽
我們來比賽！
生詞要寫12行。
媽也寫我的功課？幹麼呀你是媽媽耶！
我
可是，好好玩喔！我要拚贏媽媽！

那時候媽媽放下家務，跟我看一樣的課本、寫一樣的字、拚一樣的行數。不知為何，當時覺得只有好玩，小學生的我沒有被指使、沒有被斥責、沒有寫功課的不情不願，只因為媽媽跟我做一樣的事情，要跟我比賽，這樣寫功課真好玩。

也許是這段記憶太深刻，它默默影響著我跟孩子相處的方式。我在不知不覺中採用跟我媽媽一樣的方法來對付小孩。

再舉一例
叫女兒去彈琴叫不動！只好……我先去彈……
我去彈，女兒就會過來……
咚鈴
我彈得很好！
媽，你彈錯了啦
噢，哪裡彈錯？你過來幫我看一下嘛！
升降記號你都沒有在看嗎？
Fa和Do要升上去！
要怎麼看？你來示範？
我過去，我彈給你看！
中計

我只有張開
嘴巴假裝在背
可是，我沒有
發出聲音。
蛤
WHY??
為什麼？

隔天，去接兒子回家的路上我問他，今天上課時老師是不是要求他們背書？我心想，昨天訓練有素，今天應該會表現良好，我該趁機讚美一下，讓小福對學習充滿信心。

「有啊。」兒子回答。

「是一個一個去背給老師聽，還是全班一起背？」我很好奇。

「全班啊。」

「那你能背出全部的課文嗎？」

我期待小福說出一個肯定的答案，然後我就可以開始讚美了。

沒有發出聲音！那昨天的訓練不就白做了？像你這樣，要媽媽怎麼讚美你？

因為有人背很快，有人背很慢，亂七八糟，如果我再發出聲音，不就更亂？
所以，我就只有張開嘴巴！
喔喔，是這樣想的呀……

喔，的確有道理……他是為了眾人的和諧、為了全班整體的呈現！有考慮到這一點也不能說他不對！

而且背誦課文的意義在於熟練句法，不是要逼孩子一定要照著拍子齊口眾聲，達到整齊劃一的要求。

「那你現在張開嘴巴不要發出聲音背書給我看，看看嘴型像不像？」

我並不是想再考一次兒子的課文，我只是很想看兒子假裝張開嘴巴配合大家的樣子，到底蠢得多可愛？

來，不發出聲音，背一次給媽媽聽。
沒問題！
好，開始
打
開
相
小福連續動作
回哈哈
你的嘴型很不像啦！「笑屎我」了，哇哈哈！

「哪有？老師根本都沒說什麼，而且我都背得很正確！」小福為自己辯解。

「好，正確就好。可是我覺得發不出聲音，老師一定會發現喔。老師的眼睛是很厲害的！」

MOTHER STYLE TALK 10

僕人

我：「你快把床上的東西收一收！」

兒：「為什麼？我又不是僕人，我是你的小孩耶！」

我：「你、你……」（話還沒講完）

兒：「我會乖，但，我不是你的僕人」（語氣堅定的）。

呵！看得出來我在演默劇！
但是老師的心也很厲害，他可以感覺到你課文都背好了，所以你沒發出聲音，他覺得沒關係。
還是要讚美一下，給孩子信心！

Style

17

讓孩子乖乖的招數!

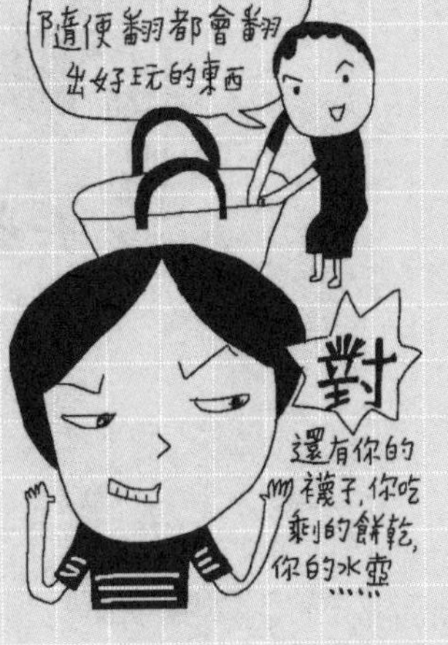

媽媽的包包
隨便翻都會翻
出好玩的東西
對
還有你的
襪子,你吃
剩的餅乾,
你的水壺……

不知道別人家的孩子跟父母出門搭車、上餐廳、逛街的時候，是不是都能乖乖的跟著爸媽？

我不能！
你們大人吃飯吃那麼久，還要聊天，我們要做什麼？！
跟我媽出去，我經常覺得無聊！

我兒子不是什麼很早熟、懂大人心思的男孩，不像有些二年級小學生很熱衷跟大人聊天。他也不喜歡媽媽的路線（就是指我喜歡去的、喜歡待的地方），跟我出門經常一下子就喊無聊。小孩子一無聊就想做些讓人招架不住的事情，不是讓我生氣就是讓我感覺有壓力。

招架不住狀況一：
媽，iPhone給我玩
不行
你已經玩1個小時了。
我看，我們還是結束吧！
招架不住狀況二：
媽，我跟你講喔……媽，你看喔……媽你知道嗎……
呃，我在跟阿姨講話……
我該走了……
招架不住狀況三：
我要回家 唉唷～我想回去！
抱歉，沒睡午覺
那，今天先這樣……

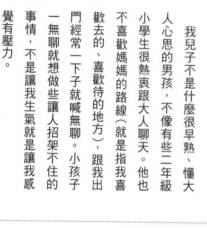

為了不讓這些事情發生，總得有一些預防孩子無聊的準備。

出門前，除了整理自己將用到的東西，腦袋裡一定轉啊轉的，想著要把應付孩子的物件一併裝進包包。

比如長途搭車或在餐廳吃飯，那就是幾支筆加一本筆記簿——這是當他想畫圖的時候；或是三台小汽車和幾個小人偶——這是當他想編劇本時的演員和道具；或是一根樹枝、一把剪刀、幾團紙黏土、幾顆彈珠（會滾的東西一定要同時攜帶盒子⋯⋯）

畫圖時最乖了
沉溺在自己想像的世界中，都不吵大人
莫名奇妙的東西可創造莫名奇妙的遊戲
坐火車捏黏土，可消耗很多時間

這些東西都很小巧精簡，但也不需要全部都帶，兩、三件混搭帶出門，至少可以讓我跟朋友在餐廳好好吃飯、好好聊天，一直到喝完咖啡。

媽媽的包包隨便翻都會翻出好玩的東西
對
還有你的襪子，你吃剩的餅乾，你的水壺

有一次去參加一場小型的演唱會。帶孩子聆聽演唱會當然是一種很好的藝文活動，但是我早已料到小福一定會覺得無趣。當天出門的時間很緊迫，來不及做任何準備。我心想，那就坐在靠近門口的座位上，萬一小孩子坐不住了，我拉著他就可以馬上走。

果然……
媽，我要出去啦！
可是……
好好聽喔～
不想聽……
我不想走……怎麼辦？

我翻遍了包包，怎麼那麼乾淨，一件小玩具都沒有。（唉，上午為什麼要清理包包！）就在小福快要不耐煩之前，情急之下，我掏出了吸油面紙，摺成小長條後打結……

媽在做什麼
噓！
我也要玩！
材料：吸油面紙和原子筆。
讓我多聽了幾首歌！

孩子除了「定點」的無聊，還有不定點的無聊！比如路途稍微遙遠，要徒步走一段路，這時小福如果不想走，光是唉聲嘆氣的抱怨我就受不了。

我走到那棵樹要二十步，你要幾步？誰說得最正確……
誰就贏！
我，28步！
就這樣，高高興興心甘情願的一棵樹、一棵樹往前走。

還有，當我想逛百貨公司的時候，要怎麼讓他乖乖的跟著我呢？

我們來比賽，你走黑色，我走白色……
走到對方的顏色，就會爆炸！
爆了，就輸了喔
哈，我一定會贏媽媽的！

就這樣，我們母子逛百貨公司的時候，專櫃小姐總是疑惑的看著我們奇怪的腳步……

兒子歡歡喜喜又乖乖跟著我就夠了。
?
我贏
交叉腳步行進法進行中……
這對母子在玩什麼把戲？
不管他人的眼光。

Style

18

孩子的腦袋！

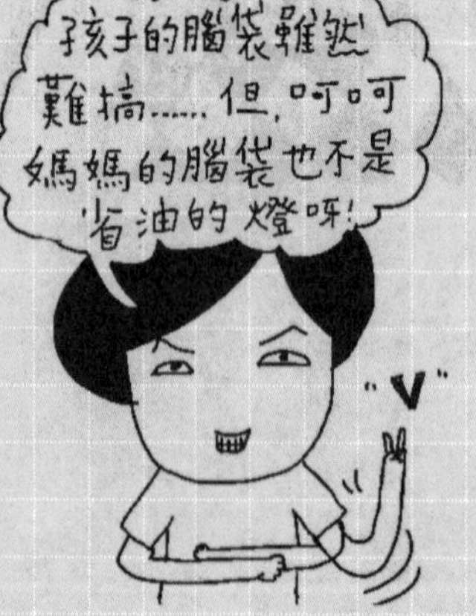
孩子的腦袋雖然難搞……但，呵呵媽媽的腦袋也不是省油的燈呀！
"V"

兒子這一週要參加兩個朋友的生日派對。兩個都是好朋友，小福想各選一份禮物送給他們。

媽，我想送他們樂高小人
好呵呵，有人偶可以玩有劇情的！
單價也不貴
你要買幾個？
可不要跟我說12個……

小福說三個。為什麼三個？不是兩個朋友嗎？莫非，他自己也想要一個？

帥哥的樂高裡只有一個小人偶，所以我送他兩個這樣他玩起來才夠講故事。
歐麵已經有比較多個小人，所以就送他一個！
帥哥、歐麵是同學名字的代稱。
哦，買三個的道理在這裡呀！
了解！

原來，這是小福的邏輯。他認為的「公平」是製造相同的快樂，不是給同樣數量的樂高小人。

可是我是你的好朋友，你送他兩個，我只有一個，這對我不公平呀！
可是，你已經有很多樂高人可以玩了！
我真搞不懂你在想什麼？
歐麵
好，那我不要小人偶，我可以改成竹製的筷架嗎？
啊
竹製的筷架……
這又是另外一顆小腦袋了……
小孩到底在想什麼……???

小孩腦子裡運作的邏輯各有千秋。我很喜歡跟他們聊天，最愛聽他們說出自己的「為什麼」，最好奇他們在解釋中表達的無理和有理。尤其是低年級的孩子們尚不懂掩飾自己天真的想法，這種小孩總是說出各種千奇百怪的見解，非常解悶！

到底是怎樣
？？？
我一定要抓到控制你的訣竅！

不過，為什麼要瞭解孩子的腦袋裡到底在運轉什麼呢？

以文藝口吻回答的話，大概就是「孩子的純真，讓我找回未被社會規範汙染的原始思維」之類的。但，身為家長，自己的小孩腦子裡在想什麼為何如此重要，當然是因為他的不可理喻忤逆了你！當然是因為他的固執讓你叫不動又掌握不了！當然是你被氣得半死，所以你得想盡辦法要讓他聽你的。於是你很想知道兒子的腦袋是用哪一套運作！

正在說夢話……
我要大揪間
要大丟間……
是作惡夢嗎？

有時候，孩子不一定會講出想法，尤其脾氣一來或是興致高昂時，他只顧著跟你唱反調，哪會理性的說出他內心的思考。

所以我得自己找。得從日常生活中抽絲剝繭的觀察，從經驗中找出孩子慣常反應的模式。也就是說，面對頑皮搞怪的小孩時，你得同時扮演柯南和心理分析師兩種角色。

如果做得好，一舉中的，抓住孩子心中最關鍵的想法，一切都會變十分順暢。如果抓不住，母子兩人只會不斷互相折磨。這種情形在我家，連說夢話時也會發生。

MOTHER STYLE TALK 11

爸爸的類型

爸爸要小福停止電玩，馬上進去房間睡覺。

我讓他們兩個去爭執。（避免一個人教訓小孩另一個也在一旁重複教訓，這樣是反效果）。

趁他們對話的空檔我趕快說：「媽媽去房間等你。」

過一會兒小福回到房間，非常生氣，整個人倒趴在床上。

以很不屑的語氣說：「他不能決定我的生命！」

我：「爸爸是為你好啊，該睡覺就要停了。」（哈哈，生命！玩電玩而已有這麼嚴重喔哈哈）

小福：「我的生命，我．自．己．決．定。」（氣）

我：「但是你有決定你能玩多久嗎？因為你沒有決定啊，一直超過時間，所以爸爸媽媽會幫你決定。」

沒抓到重點
什麼？你說哪一間？
不是哪一間！
不是，不是
生氣
抓到重點
什麼？你說盪鞦韆？
好，換你盪鞦韆
乖！
嗯…
謝謝媽媽！
安然入睡

帶孩子七年，其實不是不知道自己的小孩腦袋裡用什麼邏輯在運作。

你就是要玩，一切以玩為優先！
因為我是小孩嘛，玩是我的工作呀！媽～

像最近，早上七點叫兒子起床，他會跟我發脾氣，但如果我在六點前硬是把他挖醒，他反而會非常聽話乖巧。

這個道理是這樣的……
6點叫我起床，我就有比較多時間玩，在家可以先玩一下再去上學。
7點就沒時間玩了！
我早上事情很多……
幫水晶寶寶換水

也就是說，媽媽叫他起床讓他睡眠不足也無所謂，他反而會感覺媽媽很好心，讓他有充足的時間可以玩耍；而我讓他多睡一小時反而是故意不讓他玩，而且還讓他比老師晚進教室。

老師一旦抵達教室，就不能跟同學嘻嘻哈哈！我想跟同學玩，所以要比老師早到。
掰掰！祝你一天都玩得愉快！
7:12

小福：「但我的生命我自己負責！」

我：「那很好，自己的人生自己能負責是最重要的。可是你知道，爸爸也是為你好。這也是他的責任。一般正常的爸爸都會去限制小孩不能太超過。爸爸只是跟別的爸爸一樣做他該做的事。C'est normal !」

小福：「哼，這世界上才沒有一個爸爸是正常一般的！Il y a aucun papa normal.」（啊……也對……阿公很任性只做他想做的事、爺爺很大男人只管工作不管家事、爸爸很自私想要怎樣就怎樣……真的耶，小福見過的爸爸們都沒有一般育兒型爸爸，只有想做什麼就做什麼的爸爸）

我：「也對，沒有一般正常的爸爸，每個爸爸都有他的特色。但爸爸是愛你的。」

小福：「哼！」（純粹不喜歡被爸爸硬停電玩。）

我都會好好講，給他緩衝時間。但爸爸只要時間抓住兒子腦袋運轉的模式之後，對應的方法就不是太難了。比如小福洗完澡喜歡光溜溜到處跑，怎麼叫都叫不過來。

快來穿衣服！
過來！
哈哈，我不穿！

常理（會冷）、規則（沒穿衣服不可以亂跑）叫不動兒子，那就來遊戲吧！

「你不要過來，站在那裡！小心喔，被衣服丟到，你就被炸死，唯一可以獲救就是你必須在三秒內把衣服穿起來，穿好你就復活。」

哈！沒打到
沒打到再回來給我
注意
第二炮，發射！

像這樣，一分鐘可以讓小福把衣服穿好，媽媽的劣勢立即轉為優勢！孩子聽不聽話通常只是一線之隔，只要抓住他腦袋裡可以扭轉局勢的 key point，使出三分力就有十分效果了。

孩子的腦袋雖然難搞......但，呵呵媽媽的腦袋也不是省油的燈呀！
"V"

一到，就會攔腰喊停。

小福很生氣。（是因為媽媽比較不嚴格所致，真對不起爸爸，害他變成黑臉）

我以前用計時器。計時器時間一到就要立刻停止，可是用了幾次之後，連我自己都不喜歡這樣的絕對。因為腦袋正在創造一個東西或是熱情正在進行一個計畫，一切都尚未完成就要被制止，這是多麼的難受。

攔腰斬斷正在進行的熱情時，會有一種很沮喪的感覺。

我爸（小福外公）就是這種一定要把一個想法弄到完成才能停止的爸爸。非常固執，但也把自己的固執完成到接近完美。

阿公每次都會讚美小福非常有毅力非常專注，是他提醒我，孩子玩遊戲不願意停止的時候，要欣賞他的專注力。

時間軸帶走厄運

看著小福跟同學下象棋，我在一旁跟著聊天。

敏敏：「我覺得我的命很不好。」

我：「你們知道一件事嗎？我們人一生中，這個『一生中』你知道是什麼意思嗎？就是一輩子。」

敏敏：「一輩子我知道。」

我：「一輩子的好運跟壞運都是固定的，就像你們玩象棋那樣，黑色、紅色都是十六顆。」

我：「假設黑色是壞運，紅色是好運。你今天用掉一顆黑色，你就少一個壞運。你覺得現在命很不好，那很好喔，你會先把壞運用掉，剩下很多紅色好運。」

敏敏：「喔，真的喔（完全相信好運跟壞運都是十六顆）。」

我：「比如說，你小時候的運氣不好，而且你不記得一、兩歲的事情了，就這樣默默用掉很多黑色的壞運，哇，這樣的你真是幸運耶！」（當時他們剛吃完飯，吃飯當中我問他們為什麼都不吃蔬菜，他們說因為最喜歡吃蔬菜，所以留在最後吃。）

我說：「就像你會把不喜歡吃的先吃掉，好吃的後面才吃。你就是這樣的人啊，好運都在後面！」（看，我多會鼓勵小孩！）

兩個小孩就開始討論，結論就是——原來遇到壞事是一件好事啊！

我又說：「可是有時候壞事會一直來，你會以為人生沒有好事一直都是壞事。」

（此時小福插話進來）

小福：「但是，時間是不會停的。時間會一直過去、一直過去，壞事就會被時間帶走了。」

兩個小孩講得好高興，好單純好可愛又好有靈性！

如果小福沒有插話進來，我大概會說「如果一直都是壞運，那你就要有耐心等一下……」哪知小福從時間軸去解釋，比我的解釋更強大！

Style

19

媽媽的服務時間！

我的媽媽好好喔！
一直服務我！
咦？
跟平常不是一樣嗎？
謝謝
只是多說了一句：
「這是媽媽的服務時間。」

某一天，老同學來找我。已成中年婦人的女人在寒暄之後，必然從老花、白髮、筋骨痠痛談到健康問題。

我先招認：「沒辦法，兒子睡著之後，我還會忍不住熬夜做些沒意義的事情，那樣讓我感覺放鬆。」明知應該跟著孩子的時間作息才是健康人生的王道，但我老是有一堆還想看看、想做做的事情在那裡引誘我。

孩子睡了，你還忙什麼？
呃！
就，看個劇，上個網……寫個草稿什麼的……
就是一些可做，可不做的閒事，休息嘛！

同學不愧是已經把小孩養大的有歷練的媽媽，她一言就擊中要害：「不行，你不能把熬夜當成休息。」

是啊，小孩睡著之後我的休息竟然是熬夜，這是一個大錯誤呀！

我常叨唸要愛惜身體早睡早起，可是為什麼我每天都有一些有的沒的事情，讓我超過半夜一點才上床睡覺（有時更晚）？而每天六點就得起床的我，明明就天天睡眠不足還不改善？

「如果你想逼自己早睡，那就是……」同學很簡單的說了一個訣竅。

你先去洗澡
啥！
這是哪招？
但，似乎抓到我最難突破的重點！

「千萬不要把洗澡時間拖到孩子睡著之後。記住，洗碗、洗衣、甚至自己個人盥洗、擦乳液，做自己該做的事情都要在服務時間內完成。這樣你就不會把睡覺的時間拖得太晚。」

剎那間那四個字——「服務時間」似乎給了一個很清楚的畫面讓我可以想像。我服務的對象有家庭和孩子，但是我也該包含在時間內服務我自己。

同學！了解了嗎？
就像有些單位，說5點關門，但4點就開始收拾了！
4點半客人不能再進來，4點45分關窗拉窗簾。
5點一到，腳就踏出辦公大門！
就是要有這種工作，才能算好命輕鬆呀！

對有自制力的媽媽來說，這根本不是什麼大不了的勸言；但，對我這種太容易跟著小事的發展而生出瑣碎雜務又無堅定意志的人來說，洗澡這個動作，的確可以讓我一直拖過午夜。澡一洗好，又多撐個四十分鐘。這樣東拉西拖的，半夜一點我還在熬夜休息，這真是很糟糕的一件事。

聽完同學的經驗傳授之後，我馬上對小福下了一個新的指令：

媽媽的服務時間只到九點。

你要我唸故事書給你聽，那你要記得我每天的服務時間只到9點。要唸故事，你得在8點半以前，不然9點後，我就要下班了！
服務時間？
ㄟ？9點？
懂！
嚴
百貨公司10點關門，9點半他們就會廣播通知，你10點以後想進去買東西是不可能的。媽媽也是這樣，
懂嗎？

「服務時間」這四個字似乎有一種像是「交通規則」那樣的力量，紅燈停、綠燈行，舉世皆然，你必得尊重。雖然小福對媽媽訂出來的規則很少在意，但是對於眾人遵守的規定，他自我約束甚嚴。舉凡踢足球絕不可用手碰；搭捷運電梯靠右邊站；若知道是輔導級電影，連預告片也會自己把頭轉到旁邊去並面露嫌惡感。他就是這麼不敢踰矩的孩子，所以當我說出如同官方用語之「服務時間」四個字時，似乎也有相同的效果。

媽，你上午的服務時間呢？
喔，6點開始。
那我去學校的時候，你都在休息嗎？
什麼？
我不能休息，我還要服務家庭，煮飯、洗衣、拖地、聯絡爸爸，外加你忘了帶東西去學校，我還要送過去！
呵～媽媽的服務時間很長！
好辛苦！
呼

MOTHER STYLE 12 TALK

說優點和缺點

睡前，我跟兒子聊天。

「我來說你的優點好了，缺點待會兒講」我說。

小福：「我知道，我的優點是頭腦好。」

我：「那個不是第一優點好不好，那個是排在後面的。」

然後我就說了一些個性上的優點，對人的態度啦、謹慎細心……說了好久。

小福：「你快說我缺點啦！我要聽缺點」

我：「可是你的缺點，現在想起來有可能是優點。」

小福：「喔，我知道了，就是我愛挖鼻孔和咬指甲。因為挖鼻孔可以刺激腦部變聰明，咬指甲你就不用幫我剪。」

我：「也算是啦！」

小福：「媽媽，你快說我

為了讓「媽媽的服務時間」內建在我兒心中，我必須強調時間內的服務有多周到，若不好好利用，時間一過，一點好康都沒有。我對小福說：「只要是服務時間內，你要擦屁股、洗頭、簽聯絡簿、一起玩五子棋，你一叫，我就到。」

我的媽媽好好喔！一直服務我！
咦？跟平常不是一樣嗎？
謝謝……
又是多說了一句：
「這是媽媽的服務時間。」
P.S. 二年級是不是最好帶的一年？又好騙，又聽話！

不過，最重要的是提醒我自己。我得記住，在服務時間內操持家務，不僅服務小孩，也要同時把自己一天該做的雜務、內心該收拾的情緒，都在服務時間內整治完畢。要有個輕鬆的母職，別忘了跟清閒的服務單位學習。服務時間結束前一個小時就要開始收包包，順便上個廁所；不要拖到服務時間的最後一秒還接顧客申訴的案子。既然媽媽工作不領公家薪水也沒有老闆，那就讓自己過好一點，九點一到，我的腳一定要踏出家務大門。

已經8點半了！要講故事趁現在，9點服務時間一過，我就不管囉！
洗完澡
媽，不要不管我……
你唸這本書給我聽，謝謝！
很好！
打烊就打烊，千萬不可加班喔！
硬是軋上一角的爸爸！

的缺點，我要聽。」
然後我就說了幾個缺點，他聽得很高興。
我很喜歡這樣教小孩。其實也不是教，應該說這種互動讓人覺得很享受。

Style

20

絕對不是媽媽你想的那樣！

幼稚園時期的某一天。小福在桌子下面玩積木，玩到一半，心有所感，走過來問我：「媽，四『成語』六是多少？」

成語？什麼成語？
就是，4「成語」6，是不是24？
似成語溜？

小福若有所思的說：「我排四個積木，排六排，這樣就是二十四個。」

喔，原來是「乘以」！真不錯，都不用教，自己玩懂乘法。

幼稚園時期曾發生這種事情，讓我以為小福數學很好，以後遇到乘法，理解上一定沒問題。已經理解再來背誦九九乘法，應該是輕而易舉。結果二年級數學課出現乘法的時候……

來，媽跟你一起背
6×7=42
6×8=48
6×9=54
7×1=7
7×2=14
7×3=21
寧願一個一個加，也不背！
不，我不要背乘法表！
我．不．喜．歡

某一天我得知老師即將在課程中加入弟子規的背誦，我心想，九九乘法都不愛背了，還讓孩子機械式的背誦古文？我兒子會不會到時候背不起來，然後跟我說討厭上學？

就在弟子規課程上過幾次之後……

兄道友，弟道恭
兄弟睦，孝在中
沉醉
晨必盥，兼漱口
那麼久？你在做什麼？
洗
咦？？好像在背弟子規？
怪了……

在我完全不鼓勵下，兒子自動自發的把弟子規背得滾瓜爛熟。八成不懂（搞不好是九成）卻願意在規律的聲韻中背誦，而且興致勃勃。

奇怪，
那為什麼不愛背更規律的九九乘法表呢？
Z Z Z
弟子規 聖人訓 首孝弟 次謹信……
背誦說夢話

記得前面的文章提到「火海魔」叫起床的方法，這些招數多次使用頗有效果，我曾因此沾沾自喜，所以把它們寫出來。可是就在那個月，我再度如法炮製……

小心！颱風怪沖破你的棉被，快跳到媽媽身上！
風好大
哎喲
媽！好了啦，太幼稚了！
我已經不是那種小孩了！
啥？
你前天還是！

每次都是這樣，當我稱讚他最近好乖的時候，劇情馬上急轉直下，順兒變逆子！當我心灰意冷覺得自己很不會教小孩之時，他又突然向上成長，有如進入另一個懂事的階段。

囝仔攏是按捏，袂按算著！
孩子都是這樣，無法預期的。
身體勇勇就好了！
身體健康就好
阿嬤
我們小時候也是這樣！哈！
媽以前也是，還說我！

從小，在兒子身上看到許多不是我習以為常的反應。每次他挑戰了我的習慣時，雖覺得困擾，但又覺得兒子打破我的僵化，讓我從慣有的思考中跳出來，這是親子間多麼珍貴有趣的互動。比如要他寫個12345，連這簡單的動作都可以讓我反思自己看世界的邏輯。

兒子，你是不是由上往下寫比較好呢？
12345
54321
示範
為什麼？
為何我由上往下寫呢？
草是從地上長出來的，人也是從小小長到高高……
說得也是！

有一回看到兒子的數學考卷，正覺得老師出題很有變化也有親和力時，兒子很不高興的說：「老師亂寫，所以我不想寫考卷。」

你看這一題！
怎麼啦？
小福身上只有50元，他想去買蘋果，老闆說蘋果一顆18元，請問小福可以買幾顆……
媽，你看亂寫！
這有什麼不對？

兒子抱怨：「媽，你不是說我的錢都存在銀行，所以我沒有五十元在身上呀。而且我也不想買蘋果！」我安慰他：「這是題目，沒關係！」小福像是名譽受損般的說：「不行，寫我的名字出來，全校都知道了！我的錢存在銀行，重要的是，我並不想買蘋果！」完全無法猜測孩子會因為這樣的出題，整個人被卡在題目中，考得很糟是這個原因。

兒子，我知道解釋沒有用，有一天，你會懂！
兒子，題目不是你想的那樣啦

不願意被寫進考試題目的兒子，是不是也不願意被我寫進故事裡呢？隨著年齡增長，他的自主意識也愈來愈高，儘管我每篇文章都先告訴他我將會寫什麼，但也不能不謹慎，以免影響他的成長。偶爾我會認真的問他：「如果你不喜歡被寫進去要告訴媽媽喔。」

不會啊，你畫的就是我呀！
如果不是我，我也會演得像他！
像這種表情我也可以配合……
或
翻白眼也行……

不用啦，你不用演啦！媽媽沒有逼你。你的表情動作不必像漫畫那麼誇張。你像你自己就好，不用配合演出！不過奇怪了，媽媽平常對你的要求也不見你配合，這是怎麼一回事呀！

這位媽媽，你的孩子怎麼都不是你預想的那樣啊？
我啊哉？
每天都抱著學習的心帶小孩
不然能怎樣！

Style

21

不要把重量丟給我！

最近這兩年的親子互動中，我發現兒子有個不好的慣性必須被修正。雖說是這兩年的新發現，但這狀況應該存在已久，只是以前還是幼兒階段可以被接受，而現在已經是小二了，我得要好好的面對這個情況——兒子習慣性的把「重量」丟給我。

等車中……

喂！站好！
不要壓在我身上！
把袋子背好……
袋子太重…
傾

站的時候會這樣，坐的時候也會這樣。

去聽戶外音樂……

你坐好，坐直！
不要一直壓在我身上，
去找你爸，去！
哎喲
重
撐

雖然親人之間互相依靠是一種很親密的感覺，但是，我沒有感覺跟兒子「依偎」的美好氣氛，只感到有人賴在我身上！

爸爸在中間，左、右的重量平衡，剛好抵消！
我都不會腰痠！
爸爸比較嚴格，所以……
賴在他身上的姿勢要有節制一點！
為什麼比較累的都是我！
正

「重量」兩字再擴張解釋得寬廣一點，我小二的兒子賴在我身上的重量可多著。

比如喝過的飲料要我拿著、撕開的餅乾包裝紙交給我、擤過鼻涕的衛生紙也不假思索的丟給我。

喂！
我不是一張桌子，也不是垃圾桶，
丟
給媽媽

具體的重量之外，還有無形的重量。兒子會把自己不想處理的狀況，或是覺得麻煩的的人際關係順勢轉到我身上，讓照顧他的人也得一併解決他個性上的弱點。

媽，你跟奶奶說，我不想吃蘋果派！
你自己也會說法文，為何不自己講！不想吃就自己講 不要透過我！
壞人自己做
你讓我講，婆婆會以為是我指使你不吃，吼！這會破壞婆媳關係，你懂不懂啊你！
婆婆送來的甜點
Qu'est ce qu'il se passe ?
發生了什麼事？

不過，在所有的重量中，我覺得最難纏的是情緒的重量。

唉
無
聊
唉唷
不想寫
看不懂…
媽，可不可以不要寫
哀
哎唷……
媽媽啊…
快把最後兩行功課寫完，然後，收拾書包！
給我負面情緒，哼！我不接！
人跑去哪了？
把唉聲嘆氣的時間拿來寫功課，不早就寫完了嗎！！！

雖說媽媽的職責就是給予生命且幫助孩子成長，幫助成長的確也包括幫孩子解決問題。從孩子出生後的把屎把尿、洗澡餵飯，一直到現在每天學校接送，回家後還要盯著去洗澡、去吃飯，或是喊著看電視退後、電腦不要玩太久等等。生活裡只要跟孩子有關的事，沒有一件感覺輕盈的，總是得一催再催，三唸四吼的才能讓生活正常進行。這些對我來說，都算是心頭上的重量，難怪，每個充滿責任心的媽媽都被壓出強壯的肩膀。

被孩子倚賴的親子互動模式絕對會養成慣性，只是這個慣性，要慣到何時？到底要如何解除？我們既幫忙又得放手，真的稍有放手之後，還必須持續回頭觀察他們……

當媽後，肩膀都變粗壯了
是啊！
有事必扛，即使沒事也會莫名其妙的心頭擔個重量！
我們自己也要學會不要扛，不然再怎麼減肥，也減不去心理上的虎背熊腰呀！

MOTHER STYLE TALK 13

小孩一個多少錢？

兩個人在浴室，一邊幫小福吹乾頭髮，一邊聊天。

小福：「媽，如果你把我賣掉，應該可以賣一萬元吧！」

我：「一萬元，什麼一萬元。至少兩千萬！」

小福：「兩千萬？那是因為我有愛心嗎？」

買小孩需要花兩千萬，那是我在鬼扯，他也聽！

小福：「那愛心應該是最貴的，愛心多少錢？」

我：「愛心沒辦法賣。沒辦法計算多少錢。」

小福：「可是我可以賣兩千萬，我的愛心應該是佔最多錢吧？」

我：「愛心是一種沒辦法計算多少錢的東西，沒辦法賣。」

小福：「喔，就像文具

這之中的拿捏，實在是一門藝術！
請給我們一個藝術家頭銜
作品不怎麼好！

自從幼稚園大班開始，我慢慢認定孩子有他自己的能力，在他的能力範圍內，我就不再幫忙了。我當然不想養出媽寶型的孩子，所以早早察覺，就早早把孩子賴在我身上的習慣斷根。

說得好聽，哪那麼簡單，
兒子還是一直把重量丟過來呀！

有這個察覺也已經兩年多了。兩年來，這個慣性還真難改，家長前輩們，你們改了嗎？還是仍承擔著不一樣年紀丟過來的不一樣的重量呢？

媽，睡覺要穿什麼？
睡衣呀！自己去拿。
在哪裡？
不是一直在同一個櫃子裡!!!
不知講過多少遍了!

店不會賣我們一張紙那樣嗎？」

我：「有，很貴的那種畫圖紙是一張一張賣的，文具店可以賣一張紙，看是什麼紙。」

小福：「我說的是影印的那種，文具店它不賣一張，只賣一堆。所以一張紙也是無法計算的東西跟愛心一樣嗎？」

這是抬槓吧！每次一到晚上就開始跟我喇低賽！

我：「愛心不是東西，沒辦法賣，但是紙是東西，可以賣。」

小福：「那！我也不是東西呀，我怎麼能賣？」

一直驗證到最後，終於知道小孩是不能賣的。

（媽媽Ps.：其實愛心有時候跟紙一樣的不值錢！）

Style

22

爸爸的育兒風格！

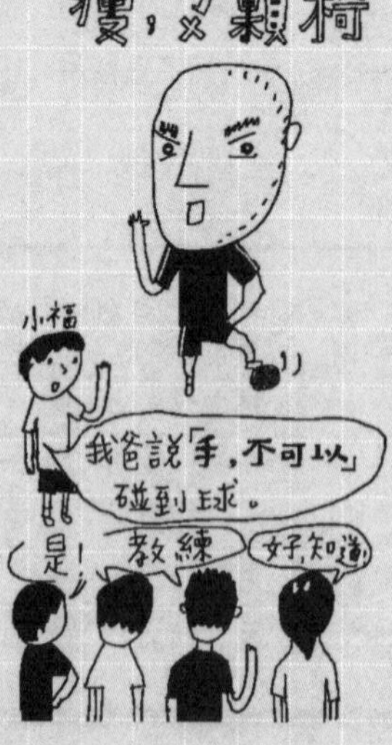
瘦，ㄆ顆椅
小福
我爸說「手，不可以」碰到球。
是！
教練
好，知道！

我家的爸爸結束工作合約之後，決定來到台灣跟我們一起住幾個月，好好的享受家庭生活。

我會好好照顧兒子的！
放心，放心
可是，現在已經11點了，你還在睡覺！
我剛到，還有時差，第一個月讓我好好睡一下
我們做媽的都是隨時待命，哪有睡飽才上工的道理

爸爸所言不假，的確有幫忙照顧兒子，吃完飯後也幫忙洗碗、收拾桌子。一大早跟著我送小孩去學校之後，還逼我去運動。

讓我們一起變瘦吧！
嶄新人生
跑步！
我走路就好！我走路就好……
壓腿
我不想傷到膝蓋和快要更年期的筋骨！
呃
沒力

以前阿福不在家的時候，送完小孩我可以自己開車去吃熱騰騰的虱目魚鹹粥，或是自由自在的帶本書出門去喝一杯咖啡。滿足了一個人獨來獨往的樂趣之後，才回家寫作或整理家務。下午工作倦了，也可無憂無慮的睡個午覺再去接孩子。

阿福來了之後，我就沒那麼自由了，不過倒是過起了頗有規律的生活。

每日豐盛早餐
早餐吃魚肚粥！我沒辦法！我們法國人的早餐一定要甜的。
而我吃什麼
隨和
都可以
彈性很大
jus d'orange
CAFÉ
THÉ

自從爸爸來了之後，我們家改變最大的其實不是我，是兒子。突然間他不敢造次了。

透過爸爸所表達的命令，小福不太會反抗，而且會回答一聲「好！」面對媽媽時，會討價還價的事情，改由爸爸發號施令，好像兩三下就解決了。

去洗澡！
才講一次而已！
好
過分！以前我都得叫很久
是怎樣…？

阿福想趁這幾個月好好的與兒子相處，但他不是好心的育兒型爸爸，不會降低自己的身段去取悅小孩，不裝小丑也懶得循循善誘。他唯一陪伴兒子的方式就是——一起去運動！

我帶小孩都放低身段，而你竟然還提高了自己的地位，成為一個教練。
我不會配合不講理的小孩還假裝自己很體貼，這種卑賤的討好不是我的風格。

兒子的生活從母親的溫情照顧中轉為父親的訓練——假日游泳、週二打桌球、每天五點踢足球到天黑！

爸爸硬要這樣做，也不問孩子願不願意。一開始我以為小福會受不了，以為小福一定會想到媽媽以前陪伴時帶他玩的遊戲是多麼有趣又多樣化，對他的耐性和寬容是如何難得！跟爸爸比起來，媽媽應該被按一百個讚，可是……

OH, NO！
怎麼會？
他反而更加愛慕自己的爸爸了！

每天放學之後，阿福一定會帶著足球在操場等，一個人守著足球門，也無廣播也無吆喝，每天都有幾個愛踢球的孩子來報到，每天包括自己的兒子。偶爾他刻意露兩手耍耍球技，更讓在場不到十歲的孩子流口水……

唬十歲以下的孩子還算可以
他爸好會踢喔
我爸很厲害吧！
超強！
讚！

就這樣，以運動這件事全面征服兒子，小福對爸爸只敢說好，不敢說不！

瘦，ㄆ顆椅
小福
我爸說「手，不可以」碰到球。
是！
教練
好，知道

變身教練的阿福完全沒有「教導孩子的企圖」，連說聲「你們好讚」或是「各位小朋友，來，我教你們……」這一類的語氣也完全沒有。他只是設了幾個簡單的規則，就這樣連續三個星期，孩子們一放學就來操場報到，踢得滿頭大汗、筋疲力竭，直到太陽隱沒才離開。

雖然天天都練球，但阿福也不想弄什麼像樣的隊伍，因為他懶得管小孩的枝枝節節。這位教練只重視兩件事，一是踢球的進取心，二是對規範的尊重。

沒想到，不會帶小孩的人只要堅持秩序規範，並且規律的出現在孩子面前，他還是能受到喜愛和重視。每天放學後，竟天天都有自動集合來踢球的小朋友，男孩女孩都有。

正當我重新評估阿福其實是個好爸爸的時候，某天上午，阿福和我在公園晨跑，我倆兵分兩路（我不跑，我是快走），不久……他老兄竟然一跛一跛的走過來：

放學的足球隊才上軌道，教練你怎麼受傷了！球場上的孩子才剛熱身，教練就躺在家裡沒辦法來。好爸爸的標籤本來要貼上去的，又被我收起來了！

MOTHER STYLE 14 TALK

可憐的原因

今晚我們在外面吃飯，吃完我叫小福去櫃檯付帳。

他付完回到我身邊，說：「媽，他們這一家沒有給我那張紙耶？」

我說：「你是說統一發票嗎？」

小福：「對，他們沒有！真是好可憐的餐廳！」

我問：「為什麼可憐？」

小福：「他們竟然沒有收銀機！」（因為統一發票都是從收銀機出來的）

Style

23

好好的吃飯！

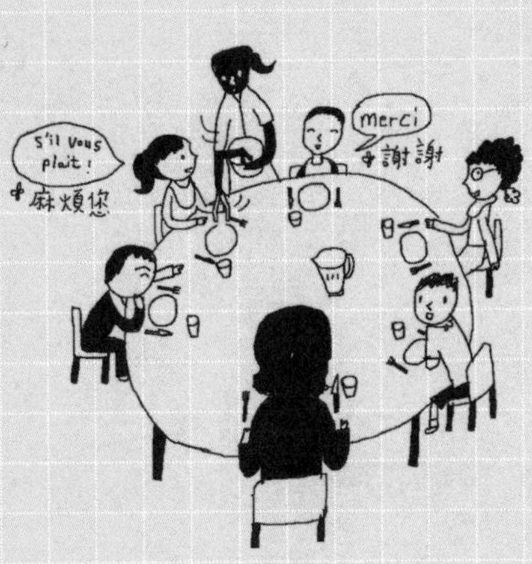
S'il vous plait !
麻煩您
merci
謝謝

坊間很多飲食方面的書籍都談到法國的美食文化，最近也看到幾本書開始談論法國人是如何要求孩子在吃飯時守規矩。無庸置疑，教育孩子好好的吃飯是法式教養中很重要的一環。

吃飯了，
快上來坐好，
不然爸爸會不高興
好！
真正的
「呷飯皇帝大」是我們法國人啦！

帶著小福在法國待了快六年，又回到台灣兩年，經歷兩邊「吃飯經驗」讓我有頗多心得。這次就讓我來說說法國的幼稚園是如何安排孩子吃午餐吧！

法國的幼稚園是學前教育，只要年滿三歲又可以脫去尿布自己上廁所，就有資格上學。上學了，孩子有權利申請在學校吃午飯。所以小福一滿三歲上幼稚園之後，我馬上填申請單讓他留在學校吃午飯。

我婆婆
啊！
你讓他在
學校吃飯？
呃……呃……
在學校有同學，
他吃得比較多
又快樂……
其實我也是想偷懶幾餐……

婆婆會問這個問題是有原因的。因為婆婆認為幼稚園孩子應該帶回家吃午餐，一個盡責的媽媽該準備好營養豐富、擺盤可愛的餐點，跟孩子一邊聊天一邊吃飯，飯後還要端出一份小甜點。一個幼兒的媽媽應該這樣做才是可取的。

我婆婆就是那種會把吃飯弄得非常有氣氛的媽媽。
每個週末去公婆家就像……
上高級餐廳
溫馨又舒適
有奶奶在的時候，下午4點一定有一套點心
孫
一起享受吧……
奶

婆婆不是固守傳統觀念的法國奶奶，而是她堅守「家人應該一起吃飯」的幸福原則。我沒有把孩子帶回家共餐，對她來說，像是把垂手可得的幸福送給別人享受一樣。

我也喜歡午餐時間急奔回家吃飯，吃完再趕回去上班！
法國人就是愛回家吃飯
你看，這是市政府公布的菜單，很不錯！
我來瞧瞧……
前下載菜單給婆婆過目……
嚴格的檢查……
勉強同意……

三歲的孩子，在幼稚園是怎麼吃飯的？

婆婆養兒子的那個年代跟現在法國幼稚園當然也很不同了，婆婆很好奇，於是我們兩個偷偷躲在樹叢中偷看了好幾次。

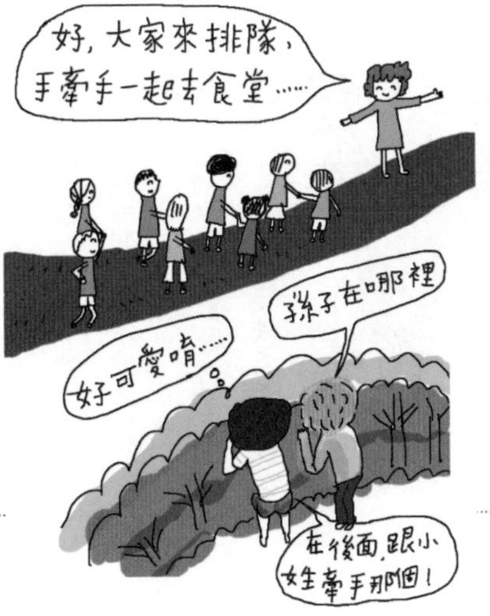
好，大家來排隊，手牽手一起去食堂……
孫子在哪裡
好可愛唷……
在後面，跟小女生牽手那個！

果然是講究吃飯的國家，讀書有讀書的教室，吃飯有吃飯的食堂；教室的桌子是用來寫字和做勞作的，吃飯則是另外一種氣氛，得換場地進行。所以，當放學鈴聲一響，老師將小朋友集合在走廊上，手牽手唸著童謠，一群才剛脫離尿布的孩子快樂的走向食堂好好吃飯。

媽媽！
媽媽
日安！
Bonjour
日安
Bonjour!
被發現了！
還有奶奶，奶奶在這兒……
我想看一下開動前小福有沒有說Bon appétit！
婆婆，我們快走吧，會干擾老師帶小孩！

學校有食堂，在法國那是必要的空間。供餐的地方不能跟教室共用，因為吃飯是一套完整的儀式：孩子們必須放好衣帽，洗手，坐好，圍上餐巾兜兜，等著上菜，開動前要說「祝您有好胃口」。就像我們小時候上課前要「起立，敬禮，老師好」一樣，一套完整的儀式建立對老師的敬意；法國孩子也在食堂儀式中建立飲食的規矩。

小小的圓桌一桌可坐六個小孩，桌椅的高度配合孩子的身高。食堂中有兩位阿姨，一個負責輪流到桌邊給菜，一個負責秩序和引導，也負責幫孩子處理盤中較難切開的食物。班上的老師則跟孩子坐在一起，跟小朋友們一起吃飯。

S'il vous plait！
麻煩您
merci
謝謝
餐具都由學校統一提供。不鏽鋼製刀叉和玻璃杯，瓷盤……這些三歲小孩的規格，完全比照大人。

菜單內容是市政府教育部門的人經過專家討論所決定的，出菜方式很固定：先吃前菜，後主餐，最後是甜點或起司做結尾。在學校吃飯一點也不馬虎，一道一道來。若是遇到節日，比如聖誕節，學校會加菜，菜單內容會變得比較精緻，像上餐廳一樣。

每天的菜單中一定有一道菜是季節性的料理，並向小朋友們稍加介紹和說明，讓孩子在飲食中感受節氣變化和天地賜予食物的富足。

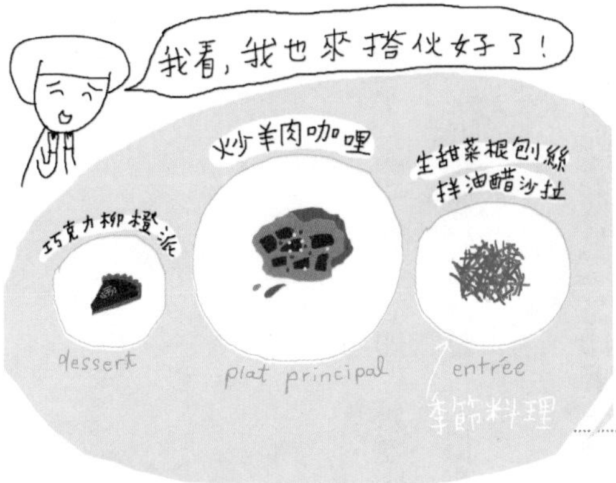
我看，我也來搭伙好了！
炒羊肉咖哩
生甜菜根刨絲拌油醋沙拉
巧克力柳橙派
dessert
plat principal
entrée
季節料理

老實說我非常欣賞法國學校為學生供餐的態度，有高比例預算結合在地農場供應新鮮食材，不僅有利地方，也教孩子尊重農民和珍惜食物。這是很好的基礎生活教育，看見孩子能夠規矩又開心的吃營養健康的食物，當父母的沒有不高興的呀！

MOTHER STYLE TALK 15

媽媽不吃苦

我：「你真的很煩耶，我不管你了」。

兒子：「媽，你不要吃苦了嗎？」

我：「……」。

兒子接著幽幽小聲的說出：「我的父母很自私。」

兒童餐具

某次我進了一家餐廳，立即，餐廳服務生把原來設置好的一份餐具移除，換上一份兒童餐具。我理應覺得這是一個很有禮貌的作法，但是當時，我有點生氣。

換上的那份兒童餐具，是印著卡通圖案美耐皿的餐具，就跟所有大部分的餐廳所準備的一樣。如同孩子兩、三歲時，練習飲食的那種形狀跟大小。水杯則是一個用過可以即丟，很薄的塑膠杯。

其實我兒子從出生到七歲，他從未打破過一個杯子，我在家裡給他的都是跟大人一樣的餐具，大人用什麼他就用什麼，請客時大人用高腳杯喝酒，他也用高腳杯喝水。

餐廳給的這個很薄的塑膠杯稍微用力一抓，就出現裂痕，於是我倒給兒子的水，就這樣流了滿桌。看到這樣的兒童餐具，我心中有悶氣。到底餐廳是為了兒童用餐順利而著想？還是餐廳為了自己的方便而防備？不是所有兒童都一定會打破餐具，但重量輕、穩定度不高的碗盤，一定比正常餐具更容易摔在地上。

我甚至不喜歡餐廳多此一舉準備兒童餐具，畢竟眼前的這個男孩已經很大了，是能夠正常吃飯的小學生，不需要那些卡通圖案的小碗小盤。碗盤小又輕、湯匙厚、叉子鈍，這樣的餐具大人使用起來都不容易了，更何況是孩子？兒童餐具某個角度對我來說是一種敷衍的禮貌，不要也好。

我在兒子學習使用餐具時，也曾經給他兒童刀叉。買過這種兒童餐具的父母都應該知道，那樣厚厚粗粗的湯匙能能完整撈起細碎的食物嗎？那種鈍鈍的刀子能把食物切斷嗎？（即使是非常容易切斷的煎蛋）我們不是要孩子學會切斷食物、撈起食物然後順利放進嘴巴？可是，我們怎麼會給他們這麼難用的工具？

我曾經試著跟兒子使用同樣的餐具，馬上就能體會那種東西對孩子是無法學習的，只是做個樣子讓大人高興！在孩子能夠分辨刀叉的危險性時，我立即幫他換成大人的餐具，只在關鍵的安全問題上給予提醒。給他大人的湯匙，吃得比兒童湯匙還順利，並且能保持乾淨。慢慢的，我讓他自己切東西，用銳利的刀子，他就能切得很好。一個小孩不會無緣無故拿起刀子亂揮刺傷自己或是他人。（如果會，甚至連兒童餐具都是危險的，必須另當別論。）

給兒童餐具就是要孩子學習自己照顧自己的飲食。我們怎能給他一個達不到目地的工具？從孩子的立場去思考，而不是大人自求方便。相信孩子做得到，孩子自己就能做到。每次遇到兒童餐具的問題，我思考的都是大人對孩子有足夠的同理心和信任感嗎？

Style

24

媽媽朋友！

當媽媽這幾年，因為孩子的關係，增加了許多新朋友。這些朋友都是兒子的同學（或是玩伴）的家長。由於年齡相仿的孩子經常玩在一起，媽媽們自然也走得近。

我沒有生個弟弟，也不養狗。
只能幫兒子找同伴一起玩……
很無聊……
總是一個人玩……

比起其他方式，為了照顧孩子而建立的友誼，似乎更輕易一點，至少開場白不是太難找。

來接孩子嗎？
是啊！
你是○○○的媽媽嗎？
嗯！
……不然咧。

如果見對方有空，自己也閒閒沒事，開場白之後若對方不嫌棄，兩個媽媽馬上就可以把話題拉到孩子身上，繼續把話題談得更深入。但，萬一不想交談，接了孩子想快快離開，媽媽朋友們找藉口脫身也很容易。

先走了，晚上公婆要來，我得趕回家整理。
快回去！有空再聊。
帶兒子去看牙醫！
明天見
揮手

家務繁瑣人人都懂，心事層疊你我都有。媽媽朋友的友誼可深可淺，孩子的事情就夠忙的，你家裡有事得先離開，沒有人會因此不高興，反而還希望你別耽誤家務、別勉強自己。

做為一個母親，已經有很多事需要勉強自己。這種客套的東西，就別勉強啦！
快回去吧！
掰掰
我真是好「逗陣」呀！

我是全職照顧家庭的主婦，從小福一、兩歲開始，我生活中最有往來的就是媽媽朋友了。

一開始通常都是為了讓孩子有玩伴而群聚的「烏合之眾」，大家只要基本上合得來、孩子玩得開心，其實相約聚一聚，都是很願意的。

幾個媽媽一起帶小孩，總是比自己一個人來得輕鬆。趁孩子奔跑追逐消耗精力的時候，我們落得清閒自在。隨意的聊天、吐苦水，偶爾吃吃各家帶來的自製蛋糕、餅乾，話題不必太嚴肅、笑話最好多一點，總之度過了一個輕鬆的下午，回家再面對家務時，至少不會那麼沉重。

一個愉快的媽媽團體，最基本的共識就是彼此體諒。若要長久維持友誼，相處中必不得太挑剔，小事上要能慷慨付出。

我今天那個來了很不舒服……
我幫你看小孩，你先回去睡午覺，待會我先生回來，再幫你載小孩回去！

孩子們玩在一起，一定會出現各種突發狀況，此時，媽媽朋友們又是易子而教的重要夥伴。自己教孩子，孩子不一定會聽；但是當別的阿姨來勸告時，反而效果很好。

而且，當自己的孩子在衝突中表現得很惡劣的狀況下，一起相處的媽媽朋友，還能像對待她自己的孩子一樣，耐心幫忙教導。看到這種情況，那真是感恩到有如遇到貴人相助。

我們知道你很生氣，來，告訴我剛剛發生什麼事？
阿姨聽你說……
就是，那個……
好好心喔…
感動…

當了母親之後，內心的柔軟度甚至對劣根性的包容度，自然變得十分有彈性，因為大家都受過孩子無理取鬧及各種繁瑣家務的折磨，彼此都瞭解有些事情就是無法要求完美。我們都瞭解孩子要變得更好是需要等待的，需要一點一滴，一次兩次重複的給予機會。

哇！你打我
討厭
你們喝茶，這次換我去處理！

邊喝茶邊閒聊的聚會，看起來似乎只是殺時間，但是能夠按下煩躁，在孩子吵鬧當中還能跟其他媽媽互助出心得、交換出許多情報、交流著與公婆相處的祕訣與老公的笑話，一個下午能夠這麼度過，也算是過了美好的一天。

這些看似沒有什麼上進心的雜談，卻能獲得對彼此困境的理解和友誼的加持，這都讓我感覺已經收到朋友之間最珍貴的情誼。雖然，大家很像是同病相憐而湊在一起，但是，這種情誼經過時間的歷練，有時候反而是一種更深的相知。

穿很醜、頭髮很亂可以跟媽媽朋友見面
若是跟舊同事老同學，這樣可不行啊！
哈，我也是
我懂……

媽媽朋友相處的缺點就是：話題從未完整的聊完，永遠被孩子的事情打斷。要顧及小孩的活動，要注意他們是否安全、是否行為偏差，有時又需要一直回應孩子的要求和詢問。

媽，你看我的畫！
媽
你看嘛
我大便了
媽
媽媽
我要喝水
好！
好～很好
你過來
剛剛聊什麼....都忘光了

每個話題都被打斷，所以談話內容一直在重複、分岔、離題當中無意義的進行，有點過於無止盡的浪費時間。

帶小孩就是這樣，每天不知道自己在幹麼！
是啊，一天混過一天！
無法度！
等孩子大一些，再一起去練瑜伽吧！

Style

25

熬夜的體驗！

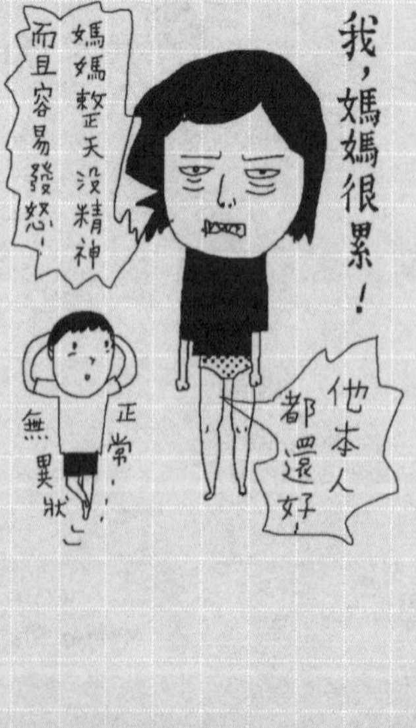
我，媽媽很累！
他本人都還好，
媽媽整天沒精神
而且容易發怒，
正常…
無異狀。

兒子最近一直要求我，說要享受熬夜的快樂。他想要一直做自己喜歡的事情，不受我的限制，做到天亮。

媽媽，拜託讓我享受一次這種快樂
可以試試嗎？
DREAM
呃…
莫非遺傳了我喜歡東摸西摸，無意義浪費時間，又不愛人管的本性？
糟糕

我認為小孩子絕對熬不到天亮，所以也爽快答應他。而且說好，要熬夜的那一天，我一大早安排他整個上午踢足球，下午沒有午睡，又安排他跟同學玩耍，先累垮他，然後他的熬夜就會熬不成！

果然，第一次熬夜，到十二點半就無聲無息的睡著了，因此他心中十分懊悔。

於是向我要求第二次。

第二次熬夜時，他說：「這次一定要熬到天亮。」

我輕敵的回答：「好啊，你可以的話，熬看看囉。」

啊？有這種媽？竟允許兒子熬夜，還熬兩次！
嘸要緊啦！
多嘗試嘛！趁現在兒子還願意聽父母的話，給他試試看才有得討論！

第二次，小福安排了自己熬夜的工作——要畫完他心中的「植物大戰殭屍」手繪本（「植物大戰殭屍」是一個電玩遊戲）。

這一次他在午夜兩點的時候頻頻過來問我時間：「媽，是幾點了？怎麼這麼久才兩點半啊！」

小福畫殭屍畫到不耐煩了。「所以我說，睡覺的話，時間過得比較快，你要不要先去睡？」我順水推舟的回答兒子。

小福很不認同我的說法，反駁說：「我是有點累了，但是我只是要休息一下，不是要睡覺。」兒子對自己熬夜的能耐非常有自信。

好吧，你先去休息。
話說完不到兩秒。這一休息就睡著了……

我的想法是：如果他要熬夜就讓他熬看看，隔天我就可以問他是不是很累？是不是不舒服？是不是整天都沒精神？然後才告訴他熬夜的壞處。

這樣才有說服力嘛！

不過，結果是……

我，媽媽很累！
媽媽整天沒精神
而且容易發怒！
他本人都還好！
正常，無異狀」

所以我只好轉個方向告訴他：「你有沒有發現，熬夜後隔天，媽媽一直在生氣罵你，覺得你很煩，什麼事都很煩。所以熬——夜——不——好，知道嗎？熬夜了，媽媽會變凶媽媽，所以你不要熬夜！」

邏輯不通的唬小孩，我真在行！

熬夜的隔天下午，我補了兩個小時的睡眠（暑假嘛！放鬆一下）。小福見我午睡，竟也跟著我睡，他畢竟也累，只是自己不知道，而這一睡，睡得比我還久！起碼三小時以上。

我心想，完蛋了，我這「體驗教育」是不是用錯地方了？這麼一來今天晚上他精神更好，搞不好被他熬到天亮，熬成習慣那就慘了！

午睡起來之後已近黃昏，我趕快煮了晚餐，母子兩人早早吃完飯。沒想到一到八點，我又想睡了！

……睡吧！我也是接近更年期的女人了！
身軀反應異常是沒辦法的
自己先顧好，兒子就放牛吃草吧！
讚
趁媽睡著，快玩平板電腦…

我跟兒子說：「媽媽受不了要先睡……」叫他自己看著辦！

朦朧中，小福跑來我旁邊，湊在我耳邊說他已經關好門窗，外面客廳的燈和電扇都關掉了。我心想：「孩子就是要這樣放牛吃草才會長大，竟然還會主動照顧家裡安全，這樣我還有什麼好擔心的呢，就安心的去睡吧！」

原本以為自己這一夜將心有掛念，也許睡得不安穩，也許我將頻頻起身張望兒子是不是還在「熬夜」。沒想到我真放得下，一睡睡得好沉，一直到不知是幾點，感覺小福緊緊的躺在我身邊，並且拉我的手臂要我環抱他。

媽媽，我好害怕，我一直覺得門後面有殭屍會衝進來把我吃掉……
嗯，不會啦，沒有殭屍的……
可是我就是會想成這樣……
媽小時候也會亂想，很正常不要怕。

天殺的想睡的我，談話內容有點敷衍，不過又覺得這是很好的機會，可以趕快把熬夜這件事做個了結，我一邊抱著他一邊說：「熬夜真的很不好，你看，都只有害怕，沒有快樂。」

小福似乎聽進去了，不過並沒有回覆我這句話，倒是說了：「我把冷氣設定一小時關機，這樣睡著之後就不會冷也不會浪費電，這樣可以嗎？」

「可以，很好！」我想，放牛自己吃一夜草，八歲兒就表現得這麼知道該怎麼生活，我真的可以放心沉睡了。說完我又昏睡過去，只知道自己要緊緊抱著兒子。

隔天凌晨四點，我睡得好飽後起床。離開床鋪走向客廳時覺得天地十分安靜，同時感到一天時間的充裕和自由，這是早睡早起的好處。

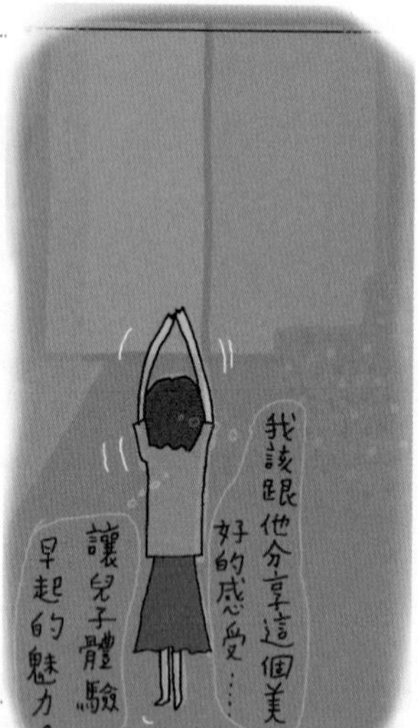
我該跟他分享這個美好的感受……
讓兒子體驗早起的魅力。

小福忘記廚房抽油煙機上的燈沒關，在天色尚未明亮的清晨，這束小光幽幽的照在爐火上，給人一種安全寧靜的感覺。這樣打亂孩子生活的熬夜體驗，到底是好是壞？我也不知道。我常太隨興而顯得沒標準，即使如此，兒子仍一天一天正常健康的長大。

在小福忘記關的小燈下，我在爐子上靜靜的煮著白粥等他起床……

早睡早起……
比較好

MOTHER STYLE 16 TALK

如果別人喜歡我也沒辦法

看臉書的時候，螢幕上出現男男接吻的圖片。小福剛好走過來。

我：「你會覺得兩個男生親親這樣很怪嗎？」

小福：「嗯~（停兩秒，再看清楚一點）不會啊，反正他們喜歡。」

我：「那如果人家來親你呢？」

小福：「我是不喜歡人家來親我，但是如果他喜歡我的話，我也沒辦法。」

我：「哈哈哈！可是如果你不喜歡這樣，你也要跟人家說：我不要啊！」

小福：「好吧！」

Style

26

記錄美好的一刻！

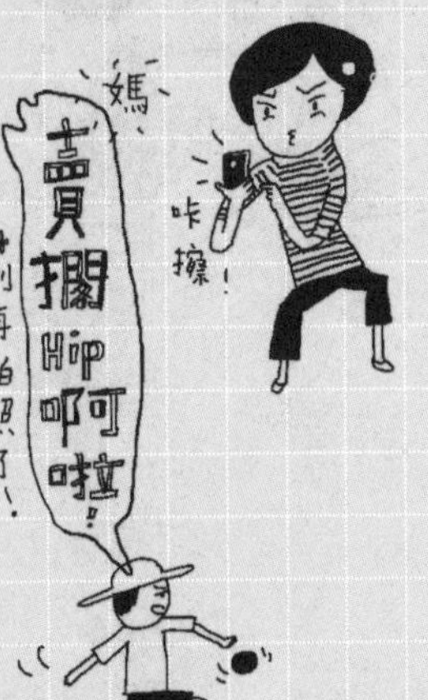
媽
賣擱Hip啊可啦！
別再拍照了～
咔擦！

這個年代，應該沒有一個父母不為自己的孩子拍照錄影的吧？不論是記錄孩子出生、長牙，還是第一次溜滑梯、第一天上幼兒園等，家長們很難不拿起相機、手機，拍下值得記錄的一幕。

哈，戴帽子打球好可愛 拍一張！
咔擦！
媽
賣擱Hip啊啦！
＊別再拍照了！
什麼都要拍，拍那麼多，有在看嗎？

說得沒錯，拍那麼多照片、影片，真正被拿出來觀賞的其實不多，會重看照片的人，也只有我自己和很少數的家人。

很少數的家人，指的也只有爸爸一人……

你們兩個不是每天都看到我嗎？還需要看照片嗎？
呵呵……
睡覺在講夢話喔……
哈哈……
好可愛 mon grand……
嘻嘻……
下一張是……

雖偶有將影片、照片上傳臉書（真的是偶有，不好意思太頻繁），那也是為了公布去哪裡玩、做了什麼事情之類的訊息。照片的拍攝量和使用量相較，完全不成正比。

所以我說"賣擱Hip啊"！
而且，我現在不喜歡你上傳我的照片到臉書！
兒子的反擊
好好，以後一定要得到你的同意……
才可以傳！

但是，是否將孩子的照片充分使用，對父母來說其實不很重要；重要的是在陪伴成長的日子裡，按下快門那一刻，那是我們對孩子的讚美和欣賞。孩子各個面向的一舉一動，對我們來說是那麼值得珍藏。

要珍藏的話，你們……
有在整理嗎？
呃……
嘿
呵
不要只會唸我們小孩沒有整理玩具

這一堆數位相片、影片，整理起來是個大工程。我曾經下定決心整理過幾次。

兒子剛出生時，以年紀月份製作檔案夾。剛出生一個月一個檔案，三個月、六個月、一年、一年六個月……

當初就是用年紀這樣細分下去。

可是，這中間有長牙事件、開始學走路事件、家族出國去玩事件、在公園交朋友事件、幼稚園園遊會事件……

每一個事件都可以是非常美好的回憶，若這樣被隱沒在滔滔影像大海中，實在可惜。所以又覺得這些照片應該被標出事件主題，這樣比較方便尋找照片（雖然很少有需要找照片的情況）。

於是，我又把主檔案改成西元日期，子檔案再以事件主題細分。為了適應應用軟體方便讀取檔案的功能，再將照片跟影片分開……

是個大工程呀，我哪有那個美國時間？
經常整理到一半就放棄……
HD
SD

「拍照這種事，完全是不重要的呀，重要的是當下孩子和我們之間的互動融洽。那一刻的美好要深深印在腦海裡，好好放進心裡，而不是忙著拿手機擺pose，硬要記錄在相機中。」以上是我自言。

接著，我自語：「拜託，誰也知道這道理，但是就忍不住拍兩張。已經節制縮減成兩張了，但這邊兩張、那邊兩張、兩張、兩張，累積起來就是很難整理嘛！」唉，知易行難！我也像孩子不願整理玩具一樣的耍賴呀！

兒子八歲了，我當了他八年的特約攝影師，長年下來並不是沒心得。

現在我已經儘量減少事後的麻煩，拍完當下馬上決定哪一張留下、哪一張刪除。這種困擾一定要立即解決，免得日後還要費神。

可是……把孩子的影像Delete，好像是kill我的小孩一樣……
堅強……
握拳
做不下去呀……
我們一定要從刪除照片開始學習斷·捨·離

其實還有一個心得，與整理和攝影技巧無關。這是我在無數次的尷尬中暗暗學到的，避免以後想要刪除影片又不能刪除的窘境。

MOTHER STYLE TALK 17

要好好珍惜

嬰兒時期，餵奶的我心裡想著，最可愛的時期應該是這個階段吧！

要好好珍惜。

兩歲時，追著孩子跑的我心裡想著，最純淨的時期應該是這個階段吧！

要好好珍惜。

四歲的時候，帶他上幼稚園的我心裡想著，開始聽話卻又還不懂做惡，最單純的時期應該是這個階段了吧！

要好好珍惜。

六歲的時候，接送他上下學的我心裡想著，已經會表達又自己能做很多事情，最不讓我掛心的應該是這個階段了吧！

要好好珍惜。

進入八歲這時，看著他自己整理書包、自己寫功課的我心裡想著，這應該是小男孩最貼心的年紀了，還那麼只有影片！照片就沒這問題！

幫孩子拍照，有時候單個影像不夠呈現當時的氣氛，你必須用影片來記錄才能完全掌握孩子的趣味。而掌鏡的我，這位最入戲的媽媽，一定是最靠近相機的人，

而，
嘴巴就在錄音口旁

拍完之後，當眾人一起看影像時……

大家屏氣凝神看孩子可愛影片的時候……
O.S. 配音竟是強烈的……
O.S. = OFF SCREEN
底迪唷
好可愛哦
啊咯咯
來笑一個……
咕谷阿古
媽呀！我的聲音怎麼那麼大聲……

聽到自己三八溫柔的嗲聲覺得好噁心，恨不得把自己塞進地洞！尤其是聽到本人在影片中發出的恐龍聲……

快過來
哇！哈哈！
吼！哈！
啊哈
看這裡！
噢！哈
哈哈哈！
呵呵呵呵
Oh, My God！全部只聽到我恐龍般的笑聲
這"美好的一刻"
我想刪除！

現在的我為了減少麻煩，以數位記錄生活已經很節制了。另外，當然就是拿相機拍影片時……ㄜ……ㄟ……我會儘量不發出聲音……

撒嬌的跟媽媽抱抱，出門會認真牽手，最讓我感到甜蜜的應該是這個階段了吧！

要好好珍惜。

一直，要好好珍惜喔。

Style

27

傳紙條學語言！

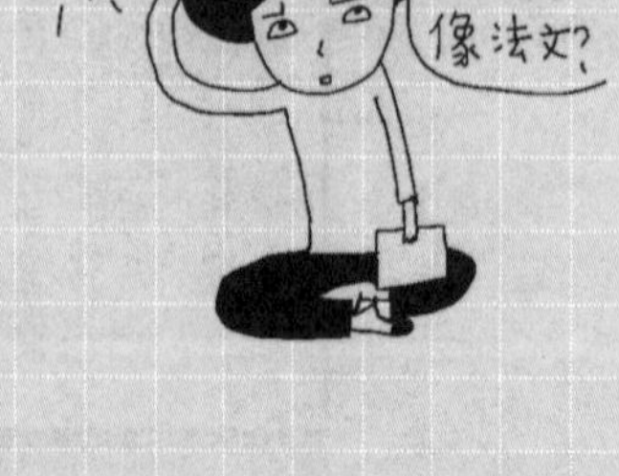
這一句該怎麼寫？
怎麼問才比較像法文？

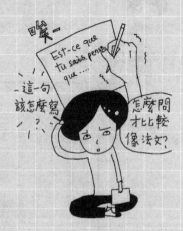

當初帶小福回台灣學習中文是我特意計畫的，但這個計畫的起心動念，是因為我們母子經常吵架！

應該是你經常生氣吧！我沒跟你吵喔！
是你不准我這個、不准我那個……
小孩子嘛，誰能保證他一直都很乖
真的曾頂我這句話↑
我已經講幾次了？!!
去洗澡
1008次了吧！
平板收起來，去洗澡！
就是這樣生氣！

在法國幼稚園階段，當小福任性又不聽勸告時，我會要求他閉門思過，把他關在他自己的房間裡。

若是正在無理取鬧的大哭，就等他哭聲停了才能開門；若是倔強不服從，就會讓他一個人冷靜後才能出來。

可是，人家是說手摸牆壁的面壁思過。
這是在網路上跟人家學來的！
有的，還給小椅子坐。
媽！你看我……
不行，不行，手摸牆壁你花招太多了，對你不管用。
我兩手摸兩個牆，媽~
媽，你看我這……
摸牆很無聊，媽—

當小福被關進房間懲罰的時候，我自己也沒閒著，經常在門外疑神疑鬼——哭聲停了自己沒有開門出來，或是進去好一陣子，裡面安靜無聲……

咦？
會不會手擦眼淚手溼溼…
又去摸插座…
觸電！
或是
搬椅子，爬上窗戶，不小心…
掉下
哭太用力，心臟…
壓力大負荷不了…
猝死
你也想太多了吧，

要自己不往壞的方向想，往好的方向也好不到哪裡去。

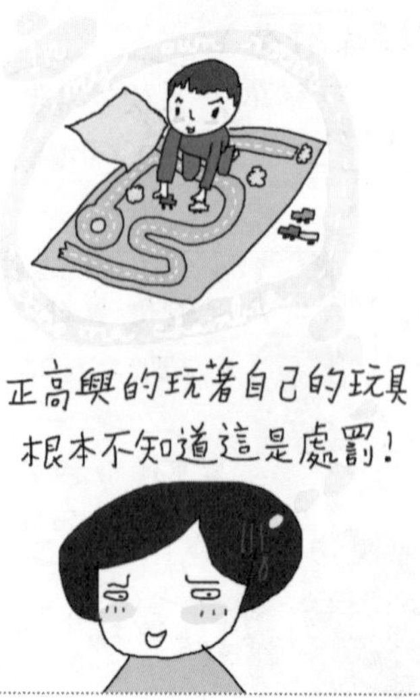
正高興的玩著自己的玩具
根本不知道這是處罰！

但，孩子是你關進去的，你又開門去偷看他在做什麼，這不就沒有閉門思過的效果了？

關門是造車，所以，我玩車車！
面壁才是"思過"
面壁的人是媽媽！

既然不方便開門看究竟，於是我就想了一個方法──傳紙條！

從門縫下塞一張紙，如果他「安全」（沒有觸電、沒有掉下去、還有呼吸），他應該會看到；如果他把紙條抽走，我就安心了。於是我寫上了他的名字，把紙塞進門縫。

房門緊閉，無聲……
叫一下名字…
一分鐘後……
竟然回我他在！
JE SUIS LA

當時小福喜歡文字，已經會簡單的法文，那麼就在紙上做親子溝通吧！我想問他說，是不是知道自己剛剛做錯了？是不是知道媽媽為什麼生氣？

小福中文字還沒學，注音也不會，只好我用法文寫了。可是我不能讓孩子學到錯誤的文法，也不能使用不當字彙？我只是想跟他說：「知道自己剛剛做錯了嗎？以後不要再發生這種事好嗎？」這麼簡單的句子，竟然要我去查字典確認動詞時態。有過去複合式和未來式，查一下字典別搞錯動詞變化；還有「做錯」的錯，要選用哪個字彙比較正確？

於是，我們寫出了簡單又可能有錯的法文，同時也出現了用法式拼音寫出的中文對話。

在這樣一來一往像是遊戲般的傳紙條中，增進親子溝通的親密度，雖然樂趣無窮，可是這畢竟不是長久之道！

想到有一天兒子長大，我要寫個信給他，或是留張紙條貼在冰箱上，都無法使用我自己慣用的文字，必須寫得緊張兮兮，這對我的人生來說，不是一件很遺憾的事嗎？

呵呵！
所以你是為了教訓我的時候可以用中文流利說教而讓我學中文？
差不多。

學會了兩種語言的兒子，也會運用他的長處利用我。他自己不願意面對的事情，總是故意轉成講中文來逃避。孩子真的不是省油的燈呀！

爸爸聽得懂一些中文，有些字要替換成爸爸不懂的！
媽，你跟我父親說我果昧落去呵，不要逼我果崩！
你自己用法文說，我才不管！
快吃
on mange!

不過，話說回來。如果當時沒有天時、地利、人和，無法回台灣學中文，我跟兒子應該會發展出一種只有我們兩人懂的祕密的語言吧！

貼在冰箱上的紙條，應該就是我們兩人發明的母子國語。這樣說來，這種轉變還滿有創造性的，不是嗎？

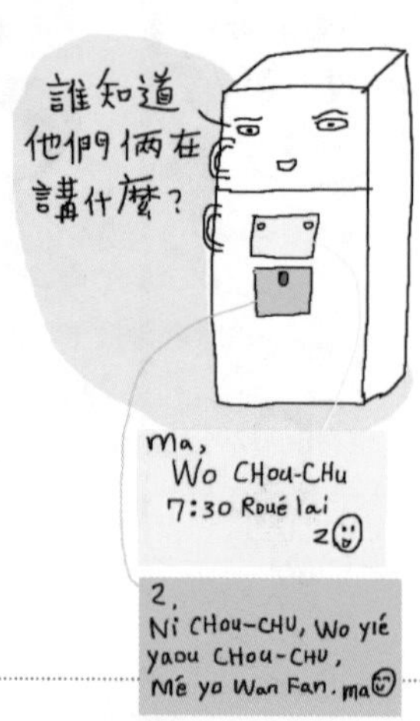
誰知道他們倆在講什麼？
Ma,
Wo CHou-CHu
7:30 Roué lai
Z
2.
Ni CHou-CHU, Wo yié yaou CHou-CHU, Mé yo Wan Fan. ma

MOTHER STYLE TALK 18

孩子努力在配合大人

我兒子非常害怕爸爸把他扛在肩膀上，而大人經常覺得這是一種「父愛」的表現，所以出去郊遊、散步、爬山時，爸爸、爺爺、奶奶經常有一種渴望，要把孩子放在爸爸的肩膀上。小福是為了讓其他人有「父愛」的感覺而勉強上去。每次一下子就喊著要下來了。（只有媽媽我看得懂）

其實孩子常常在配合大人演出在「家庭」上的需要，是大人要的，不一定是孩子要的。（我知道對很多重視溫馨家庭的人來說，我這些想法太個人，是很要不得的。）

Style

28

開學的文具！

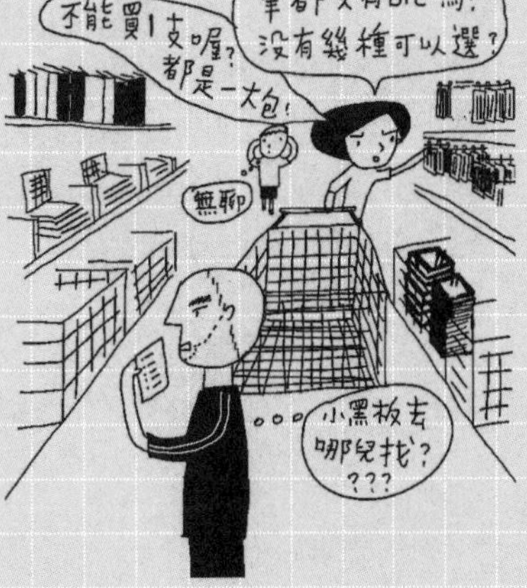
不能買1支喔？都是一大包！
筆都只有Bic嗎？沒有幾種可以選？
無聊
小黑板去哪兒找？???

法國的小學跟台灣一樣，都是九月開學。

八月底，我們家開始準備上學必要的文具和配件。

住在法國的媽媽朋友已經提醒我：「法國文具很貴喔，你們最好在台灣就先買一些帶過來，書包和鉛筆盒都不能太小，因為要用到的東西很多。」當初雖然把朋友的話聽進去，但是，人沒到法國，還是不瞭解法國學校「文具」的意思是指哪些東西。直到看到學校發的文具明細通知單……

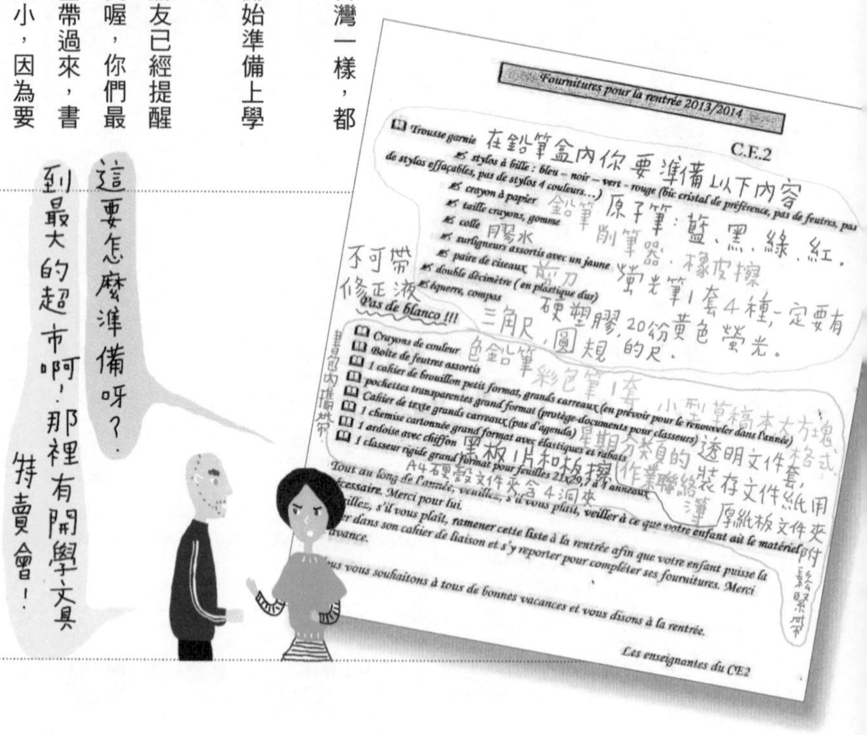
這要怎麼準備呀？
到最大的超市啊！那裡有開學文具特賣會！
Fournitures pour la rentrée 2013/2014
C.E.2
Trousse garnie 在鉛筆盒內你要準備以下內容
stylos à bille : bleu – noir – vert – rouge (bic cristal de préférence, pas de feutres, pas de stylos effaçables, pas de stylos 4 couleurs…) 原子筆：藍、黑、綠、紅。
crayon à papier 鉛筆
taille crayons, gomme 削筆器、橡皮擦
colle 膠水
surligneurs assortis avec un jaune 螢光筆1套4種，一定要有黃色螢光。
paire de ciseaux 剪刀
double décimètre (en plastique dur) 硬塑膠，20公分的尺。
équerre, compas 三角尺，圓規
Pas de blanco !!! 不可帶修正液
書包內攜帶：
Crayons de couleur 色鉛筆
Boite de feutres assortis 彩色筆1套
1 cahier de brouillon petit format, grands carreaux 小型草稿本大方塊
pochettes transparentes grand format (en prévoir pour le renouveler dans l'année) 透明文件套，裝存文件紙用
Cahier de texte grands carreaux (pas d'agenda) 大方塊格式作業聯絡簿
1 chemise cartonnée grand format avec élastiques et rabats 厚紙板文件夾附鬆緊帶
1 ardoise avec chiffon 黑板1片和板擦
1 classeur rigide grand format pour feuilles 21x29,7 à 4 anneaux A4硬殼文件夾含4洞夾
Merci pour lui.
Les enseignantes du CE2

這裡對學生文具的要求，完全不是我在台灣想的那回事！以為是幾支鉛筆和一把尺，頂多加上一盒彩色筆、橡皮擦……

現在我天天被爸爸唸，他要我睡前都要檢查書包。
要我檢查每一項文具是否到齊，就像檢查飛機零件有無耗損一樣！
我小時候就是這樣長大的

開學在法國是個很大的社會活動，連電視新聞都得連續報導幾天——關於開學在即全國家庭全體動員準備文具的消息。

果然，超市的文具準備特賣區非常大，項目也很多，但都是些傳統的文具形式。

筆都只有Bic嗎？沒有幾種可以選？
不能買1支喔？都是一大包！
無聊
小黑板去哪兒找？
???

完全不能用逛台灣文具店的習慣方式來買法國的文具！

台灣人可以在文具裡摸摸玩玩，這裡挑一支那裡挑一個，拿張試畫紙塗塗抹抹，試到喜歡又高興才跟老闆買一支。產品顏色多、樣式五花八門，搞不好還有各種香味可以選，買完還有集點……

我們喜歡逛台灣的文具店！
買個筆，馬上進入鄉愁！

但這裡可沒有「逛文具店」這回事。要買文具得上超市，跟買菜一樣，要計算原子筆四支一包比較便宜，還是十二支的？螢光筆顏色一整組比較划算？還是一包同色四支，不同顏色各買四包來應付整個學年才有賺到？

準備開學文具的經驗，解開了多年來在法國生活的疑惑：

在法國要買「1支」筆很不容易。他們都賣「1包」、「1套」、「1組」。原來這是配合學校文具的要求。
連黏膠也都是1包6個這樣在販賣！
原來如此
幾年來的疑惑終於解開！
要買1支，不是沒有，只是價格比較起來貴很多……

我花了這麼長的篇幅，來描述法國孩子的文具，因為我的確被這樣的要求震撼到！一開始甚至感到非常排斥。

文具就是讓小孩可以開開心心挑選的東西，為何弄得像是公司文具的採購？
寫功課被弄得不好玩了！
不過，作業簿格式統一，真的滿整齊好用！

基於入境隨俗、尊師重道的最高原則，以及我對法國教育文化全然外行的情況下，我這台灣媽只能跟著法國爸在超市一一把項目買齊。

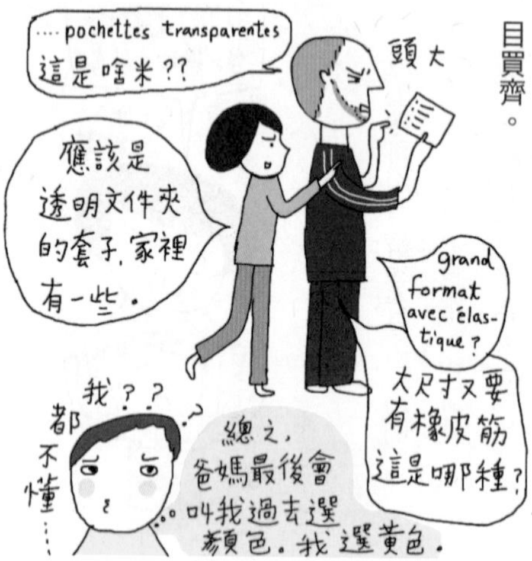
……pochettes transparentes 這是啥米??
頭大
應該是透明文件夾的套子，家裡有一些。
grand format avec élastique ?
大尺寸又要有橡皮筋這是哪種？
我？？都不懂……
總之，爸媽最後會叫我過去選顏色。我選黃色。

我們這一對父母，爸爸不愛多餘浪費、媽媽熱愛精簡生活，所以只要家裡有的，我們儘量先用家裡的。這一趟超市文具購物活動，其實沒有完全照表買物。

回家後，開始核對每一個細項。小福拆包裝，一件一件裝進鉛筆盒和書包；爸爸把家裡多出來的筆拿出來湊數。結果，最後還是缺了一支綠色原子筆。

少一支綠色原子筆，不能用綠色細字彩色筆替代嗎？

「不行。」爸爸斬釘截鐵的說！

「不要。」小福害怕跟同學不同，自己又是轉學生，這樣會很難做人！

沒有帶會怎樣嗎？難道要為一支綠色原子筆再跑一趟超市，買一包筆回家？

此時身為家裡智多星的我，把一支四色原子筆拆開（學校禁止使用四色原子筆），拆掉紅色、藍色、黑色筆芯，只留下綠色，再把彈簧、蓋子重新裝上。

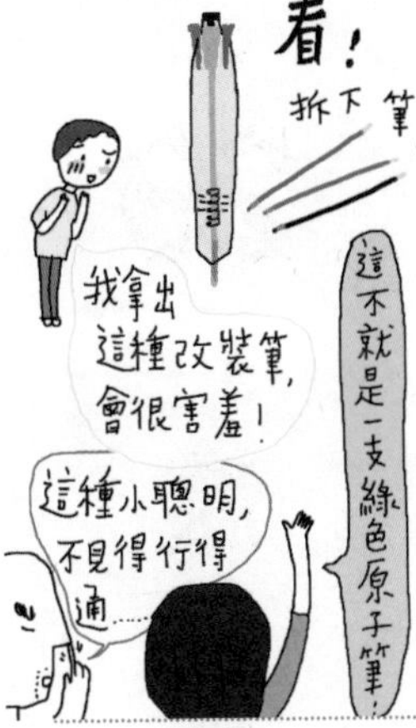
看！
拆下筆芯
這不就是一支綠色原子筆！
我拿出這種改裝筆，會很害羞！
這種小聰明，不見得行得通……

以為自己解決了問題，沒想到，還是被老師標了個「文具準備不足」的記號。

說真的，要談法國教育的觀察，大家可以從飲食習慣、從「蹦啾」的禮貌等來抬槓。但，經歷了這次開學，法國教育第一個讓我感到跟台灣有很大差異的，無非就是文具！文具之於學生，有如工具箱之於水電工，有如刀鍋廚具之於總鋪師，有如整髮器材之於美髮師，缺一項就影響了專業表現。原來，當法國學生要有這樣「專業」的基本態度。

兒子，你的神經可要拉緊一點呀！
我知道，我現在要……表現得……
專業一點！

Style

29

嚴父慈母風格！

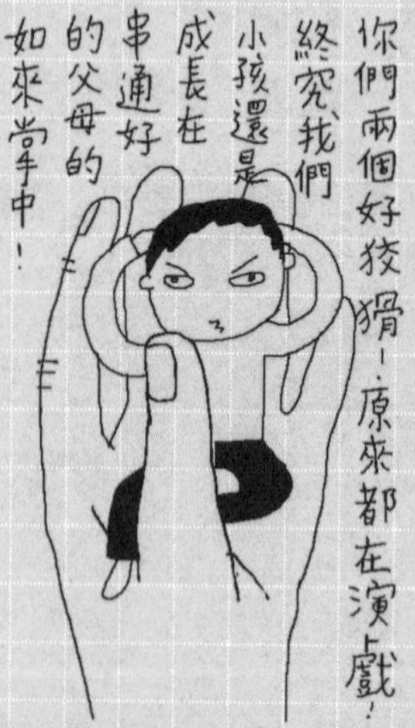
你們兩個好狡猾！原來都在演戲！
終究，我們
小孩還是
成長在
串通好
的父母的
如來掌中！

回到法國之後，全家三人重新建立生活軌道。當環境條件都在阿福的熟悉領域下，這位爸爸完全的展現了對兒子行為規範的要求。加上他還沒有正式回到工作，整天閒閒，生活的重心就放在兒子身上了。

一大早，穿著有精神的運動服……
Allez! mon grand!
加油！兒子！
還有10分鐘 走快點！
爸爸為什麼不開車……
上午8點15分出門，下午4點20分去接回，這兩趟路讓他展現了做為爸爸的責任感！
奇怪了ㄟ？以前不是這樣……
弟弟～
我

小福從出生後，完全是我一個人把屎把尿、哄睡餵飯拉拔大的，大事小事都是我在照顧。所以，最不聽我的話。

這是什麼道理？

他爸爸幫他換尿布的次數、餵飯的次數、講故事的次數，全部加起來，也不超過雙手的手指頭數量。

但，他聽爸爸的話。

這有道理嗎

仗著爸爸的身分說話有權威，再加上孩子對他敬畏，一回到法國，阿福馬上貫徹他認為一個孩子應有的生活習慣和禮節。

比如，規定小福要在晚餐前，先幫家人排好桌墊、盤子、刀叉、水杯、紙巾，項目不可缺、位置要正確，這就是兒子每天的工作。

爸爸命令一出，小福雖滿心不甘願，但也不敢造次。放學回家沒多久，只要爸爸喊出：「咦，你的工作呢？」兒子馬上放下手邊的事情，乖乖執行任務。

吃飯上桌也一定要坐得端正，飯要吃完、吃乾淨，不可以浪費。

坐好吃飯，身體靠近盤子！
要兒子坐好，有必要…
把椅子推緊到兒子無法動彈的程度嗎？
煩耶，管那麼多要幹麼？
先配合，不發言，免得孩子不知聽誰！
推
推

飲食行為的糾正是第一重視的，接著是功課。

小福就讀的小學，在每個週五放學之前，就會派出下週每天的功課。

也就是說，週一、週二、週四、週五該交的功課都事先告知，這讓孩子能有彈性的好好規劃一週時間。學校週三不上課加上週末兩天，他們可以分配好自己的課外活動，運用空閒時間來完成作業。

爸爸阿福通常……不，不是通常，是一定！一定要求兒子要在週末前寫完所有的功課。

咦？你的功課呢？

有四天的功課耶，你叫我一次做完！
而且是週五一回家就要寫完！不能週六寫嗎？
放學回來就要我寫，我很累耶
週五寫完，你週末不就自由了嗎？
P.S. 真的寫不完可以移到週末週日，但爸爸一定先逼週五當天寫。

每天睡前也都是爸爸要求他檢查書包。兒子現在會把書包整理得非常好，作業簿依大小本尺寸不同，還分前後順序，這是之前在台灣時完全不會出現的狀況。

奇怪，我在台灣的時候也有要求呀！為何兒子不配合！
在這裡，阿福講一句，兒子馬上就去做！
這……一定是我的氣勢太弱！

當然，我非常接受這樣的角色分配，只要難處理的事情，就喚阿福來管；只要是好玩的親子互動，就輪我享受。比如，甜蜜的叫孩子起床、遊戲般的洗澡洗頭、發神經做無聊的事、溫暖的睡前聊天，都是我的角色。直到孩子任性不聽話、說不動的時候——叫爸爸來。

快出來，你會感冒。媽沒時間耗在這！
什麼事？
爸爸快來
你兒子泡在水裡不出來…
媽媽的話像…
耳邊風…

我們家走的是嚴父慈母路線，雖然我也有凶起來的時候。

我說過幾百遍了！
不准玩我的電腦!!!
馬上離開！
兒子，你過來，
聽媽媽的話別玩電腦了
走，我們去踢球！
好…

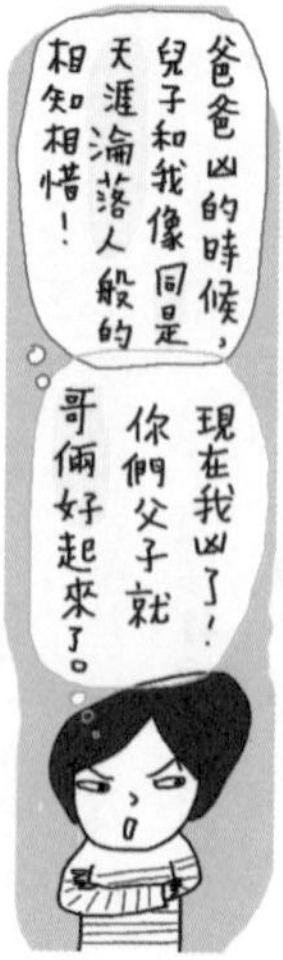
爸爸凶的時候，兒子和我像同是天涯淪落人般的相知相惜！
現在我凶了！你們父子就哥倆好起來了。

有時候我並不同意阿福的嚴格，但我想，相同的，他也不喜歡我太有彈性又隨意更改的規則。

什麼隨意更改？我是看情況調整。
我也不是不近人情，都是一些最基礎的規則，基礎做好，其他我才不管！

做法雖不同，但都是為小孩好，所以逐漸發展出一種「教養禮讓」，端看當時是哪一個人的主張和態度最強烈，另外一個就禮讓配合演出。視情況需要，有時得不聞不問，有時得加入圓場和安撫。

到目前為止還算調整得不錯，兩人還沒有在小孩的事情上發生不悅。有時候甚至認同這樣一黑一白的角色，的確有教養上的方便。

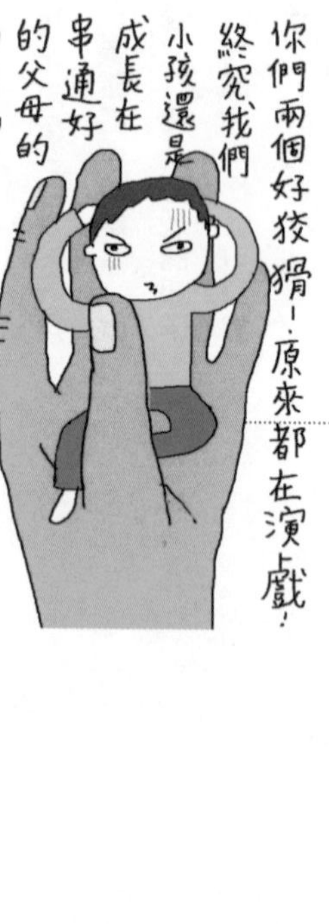
你們兩個好狡猾！原來都在演戲！
終究我們小孩還是成長在串通好的父母的如來掌中！

MOTHER STYLE TALK 19

我摺疊著我的愛

我在曬衣服，兒子衝過來跳上我的身體。

我：「你在做什麼！媽媽都要被你壓扁了！」

小福：「媽媽～我在『我摺疊著我的愛』嘛！」

很會利用書名。櫃子上有這本書。

Style

30

說相反的故事！

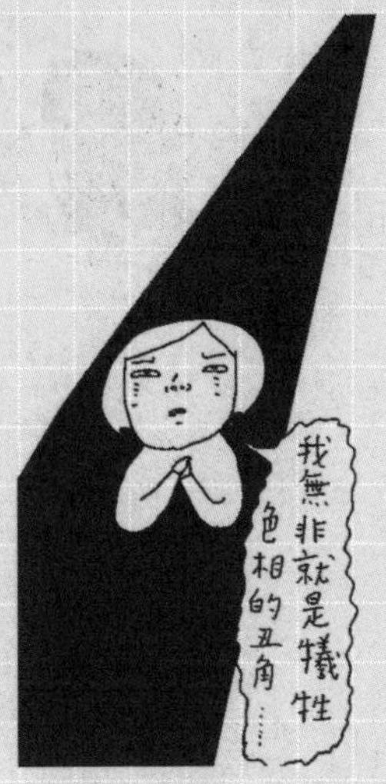
我無非就是犧牲
色相的丑角……

位朋友送了小福一本書《Contes À L'envers》(顛倒故事集),這本書已經丟在桌上兩星期,沒人理。昨天我慈心大發,決定要好好的叮嚀小福看書——我為他唸故事。

我兒子雖然有不錯的語言能力,但是他不愛看書,只愛電玩。再冗長、再複雜的遊戲手冊,他都能主動而詳細的讀完,但故事書他從不伸手翻閱。

養了一個不看書的孩子是一種「教育不正確」,所以我應該修正一下路線。

我們應該要多看書。
來,媽以身作則,
我來唸故事給你聽。
平板收起來
噢!Non!

翻開書的第一篇,原來是「白雪公主」的故事。

喔喔,我兒子可能連白雪公主的正版故事都不清楚,在我講「顛倒故事」之前,應該讓他知道正版故事是什麼吧!

於是,母子兩人在廚房一邊煮晚餐,一邊說出白雪公主跟七矮人的來龍去脈。

小福並非完全不知道這個經典的童話故事,道聽塗說也略知一二,所以一些部分可以猜出來。他最清楚的橋段就是:

魔鏡魔鏡
請你告訴我……
誰是世界上最美的女人?
然後呢
媽媽好妙喔
發出邪惡而沙啞的聲音……
是誰?

兒子太喜歡我表演這種惡毒的角色，講話和動作都要很誇張。然後他就會眼睛發亮的看著媽媽，露出很想聽下去的表情。

講故事的時候，
在兒子眼裡，
我無非就是犧牲色相的丑角……
媽媽講故事是一種劇場表演，不是安靜的文學欣賞！

飯煮完了，小劇場還沒結束。小福被爸爸要求去擺放餐具，等到三人都坐上餐桌，爸爸開始看電視新聞。

你這也是教育不正確！哪有良好家教的家庭一邊吃飯，一邊看電視的！
TV
我一整天工作，回家後只有這段時間可以看一下新聞，大家一邊吃飯……
一邊聊時事，有何不可？

我家爸爸是任性的，這一點不可否認。在爸爸看新聞時，我們母子也任性的繼續著小劇場的故事。

……白雪公主就幫7個小矮人煮湯啊，整理床鋪啊……
INFO
TF1
…Augmentatio l'impôt ……
小矮人喝什麼湯！
他M的！這政府在搞什麼呀！

餐桌上有中文和法文，有虛構的白雪公主情結和真實的國家稅務說明，兩方語言競相不下，爸爸終於受不了了。

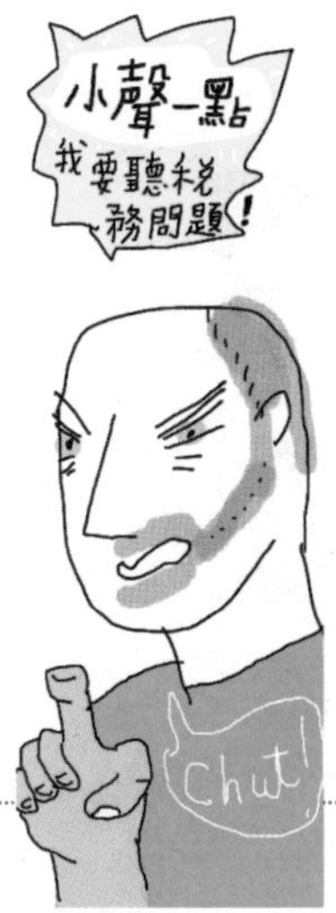
小聲一點 我要聽稅務問題！
Chut!

無誤，繳稅當然比白雪公主為七個小矮人鋪床還要重要，我們母子只好識相的忍下這口氣。我跟兒子說，等一下吃完，碗盤收好，我們去房間講。

我也想當白馬王子好不好！
但爸爸要照顧你們，我得了解稅務問題
我只好演惡魔王！
爸，Blanc Neige故事裡沒有惡魔王喔！

晚餐後，邊收拾碗盤，我們順便把正版的白雪公主講完。接著窩在溫暖的被窩裡，我跟兒子進入「閱讀書本」的程序。

因為是法文版，沒有先看過書，我沒辦法一邊看一邊翻譯成中文。但，這不是要閱讀嗎？就是要跟兒子一起逐字閱讀書本，不能又變成我的一人小劇場。於是，我先用法文讀給兒子聽。

Il était…
une….
fois,
La…
吼！
OH La La
媽！你唸得很卡，我來啦！

兒子把書搶過去，以一種比我流利又道地的標準法文讀起書來。唸完一段，我問他……

你懂嗎？
我不懂啊！
很多字我不懂。反正在班上也是這樣，不認識的字有唸過去就好！
媽來查字典！

兒子不懂的法文字彙，我也不懂。那要怎樣在這種環境培養出喜愛閱讀的孩子呢？因為是一篇改編白雪公主的故事，我無法瞎掰，得先查出幾個關鍵字再說。

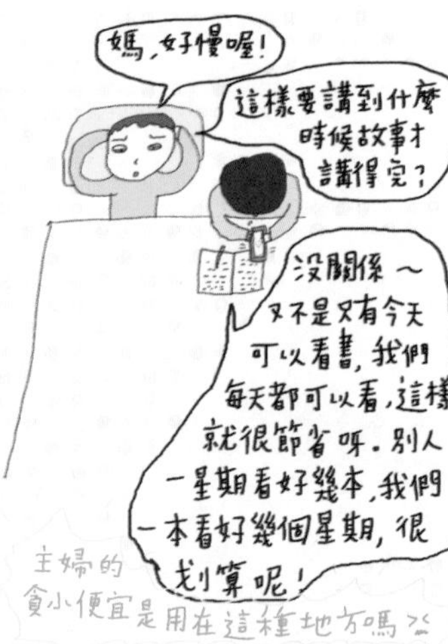
媽，好慢喔！
這樣要講到什麼時候故事才講得完？
沒關係～又不是只有今天可以看書，我們每天都可以看，這樣就很節省呀。別人一星期看好幾本，我們一本看好幾個星期，很划算呢！
主婦的貪小便宜是用在這種地方嗎？

等到我查出五個單字，勉強把一段內容搞懂，兒子也失去耐性了。

不管了，我先把這些唸一唸再說啦！
沒耐性了！
好，你唸
你唸一頁，媽唸一頁。

兒子唸一頁，我接著唸下一頁。兩個人都不怎麼懂書中的意思，但我仍盡力執行唸故事書的責任。此時心裡想：自己得先研讀才行？不然要怎麼教？

陪兒子看法文書的結果，進步最大的可能是我，而我最大的問題是：把文字唸出聲音來，很快就感到氣虛。一字一字吐出聲音彷彿一吋一吋取走我的精力，似乎全身的能量都從口中隨著文字飄散而去，尤其是睡前……

天啊，
我好想睡！我受不了了……
別的家長是如何在睡前唸故事書呀？

只要是睡前講故事，我幾乎都癱睡在兒子床上，是無意識的睡著！平常還會失眠呢，怎麼一唸故事書，就像吃了安眠藥一樣，自己怎麼睡著的也不知道……

快回自己房間睡吧，媽媽。
書都掉地上了，真會唸！

Style

31

三個人在床上！

我們去你房間說話好了，
這裡很難聽清楚！
謝謝，把拔要早起工作，要睡覺了。
好，回房間跟你講LoL

在台灣期間，我一直都跟兒子睡同一個房間，爸爸來台灣度假團聚的時候，就變成三個人躺同一張床。

孩子一直跟媽媽睡，不好吧？
我要怎麼跟你講呢？沒有好不好，只有方不方便和實不實際！

法國人幾乎都在嬰兒期就讓小孩自己睡一個房間，所以我們在法國的家，的確是好好的安排了大人、小孩分開的臥室。

可是兒子一直到四歲才不在半夜醒來，所以我那幾年不是把兒子帶到大人的臥室，就是睡在兒子房間裡。那是我唯一可以不用在半夜奔波兩房，而且是唯一能讓兒子一醒來就馬上哄下去繼續睡的方式。

孩子剛出生的那三年……

你覺得不好的話，晚上小福醒來的時候你去照顧。
那我就同意跟孩子分房睡！
不不
我重眠！
半夜還是麻煩你了

法國人非常注重孩子有自己一個房間，說是培養孩子跟自己相處的能力，以及尊重爸媽的生活空間。這一點我非常瞭解。但，我每次回想我小時候不也是全家六人睡通鋪，我哪有不獨立？我不會與自己相處嗎？我有不尊重爸媽？

你要人幫你洗衣、煮飯，幫你買機票預約餐廳…幫你去市政府送文件，幫你弄卡住的列印機……
說的也是…
是你獨立？還是我獨立！
本人也會工作賺錢！、又會帶小孩！

阿福常被我問得啞口無言，而其實，他也有他的社會文化壓力。親友來家裡如果看到孩子還跟父母睡，通常都會說上兩句。三姑六婆的壓力，這種事情不是只有台灣有而已。

到了四歲，小福需要的只剩媽媽能在睡前陪他直到睡著，之後我就能順利回到房間睡我自己的。

但兒子經常一大早，大約四、五點已醒來，下自己的床，躡手躡腳走到我們房間，從我旁邊翻開棉被自己塞進來睡。在黑暗中被孩子摸黑上床，我感到非常甜蜜。反正他已有「自己的房間」的概念，現在還小，偶爾跑來一起睡還滿好玩的。這是四、五歲的事情。

為什麼兒子不睡中間？
他說中間太熱太擠！
還有爸爸會放屁
真是個邊緣小孩！
即使熟睡，不曾從邊緣掉落

在台灣我跟兒子一直都是一起睡的，夏天冷氣開一台就好；冬天孩子踢被了，我隨時手一拉一蓋，就不煩惱寒氣入侵流鼻水的問題。

但阿福是在意的，因為那時兒子已經二年級了，可不是幼兒園時期。

好不容易孩子能自己睡，回台灣後規矩又破壞掉了，再回去的時候會不會很難改？
我們不是要反核！
有那麼嚴重嗎？我在節約能源吧！

難改什麼？我根本不覺得這是個問題！

孩子的時間一到，他要轉變就能轉變，根本不用怕。我對兒子有瞭解，不會只靠睡覺來判斷。

因為怕感冒又想省電的實際理由，而跟媽媽同床的小福，這一次回到法國，第一天就乖乖的在自己的房間睡覺了，毫無勉強。八歲已經懂事，要他一個人睡自己房間，說一下就接受了，不困難。只是，在睡前還是得陪他一會兒。

陪睡這工作我很喜歡。睡前陪孩子是一種安全感的來源，不只給孩子安全感，對媽媽自己也是：「不管對孩子多沒耐性，我今天總算有好好跟他說話了。」

母子倆說說話、抓抓背，看著孩子厚密的睫毛靜靜的覆蓋下來，呼吸規律而沉靜之後進入夢鄉。看到孩子安全的過了一天，自己心裡是非常踏實的。

上個星期，因為要求兒子不要玩太久的網路遊戲，小福卻裝聾作啞不聽勸，我一氣之下，自己就先上床去睡了。爸爸因為隔天要上班也早早上床，留他一人在電腦前面。

過了一會兒，兒子自動自發上廁所、喝水、關外面的燈、關門，回到自己的房間換睡衣。再過一會兒，我在黑暗中看見他輕輕的走到我們的房間，站在我旁邊。

媽，謝謝，不用再抓了！
聊天就好了
為什麼？
才抓幾下…
突然乖還真不習慣－
我昨天學你抓背幫小熊抓，我發現抓背手好痠喔！
手痠死了

媽,我很想去我的床睡覺,但是我被Gank了!
Gank
Gank?
我被一種想法壓制了,不能做我該做的事!

我問他：「什麼想法壓制你？」

小福：「一種恐怖的感覺！我應該去我的床上睡，但是怕鬼的想法壓制了我，使我無法達成行動，這就叫做Gank！」

我聽了兒子正經八百的解釋，心裡就是想笑！你就是不敢一個人睡嘛！為什麼用電玩術語解釋得這麼可愛！

於是兒子又擠上來了。

我們三個人在床上雖然很擠，但是像這樣的聊天感覺，是無比的親密交心。

我跟把拔輪流問了為什麼有「Gank」這個詞？請兒子用「Gank」造句；又一起聊了恐怖的感覺是怎麼來，要怎麼離開恐怖的感覺……

兒子怕自己太吵，一直用氣音說話……

我們去你房間說話好了,這裡很難聽清楚!
謝謝,把拔要早起工作,要睡覺了.
好,回房間跟你講LoL

就這樣又把兒子帶回自己的臥室，感覺他已經忘記有鬼可以怕，也不再被敵方Gank而無法達成上床睡覺的任務了。

MOTHER STYLE 20 TALK

上帝為什麼要創造壞東西呢？

晚上兒子洗澡。

放一大缸水讓他坐著泡在裡面，一邊幫他洗頭。洗頭的泡沫滑落在水裡……

我：「你順便用小毛巾把臉擦一擦。」

小福：「不行，水裡有泡沫，會刺激眼睛。」

小毛巾在浴缸裡，我要他把小毛巾撈出來把臉擦一擦這種小事他也有意見。

我：「水那麼多，泡沫很少，不會刺激眼睛的。你快擦一擦臉。」

小福：「不行，一定會刺激眼睛的。我這一生遇到的泡沫都會刺激眼睛，所以你幫我在洗臉槽那邊把小毛巾弄乾淨，好不好？」

我：「吼，你很煩ㄋㄟ。一些些泡沫不會刺激眼睛啦！」

小福：「難道這世界上就沒有不刺激眼睛的泡沫嗎？那我長大要發明不刺激眼睛的泡沫。」

我：「連水都會刺激眼睛了，沒關係啦。」

小福：「為什麼上帝創造水的時候，沒有想到創造不刺激眼睛的水呢？為什麼要創造不好的東西給我們用？」

我：「世界上有好的東西就有壞的東西，上帝創造壞的，就是要讓我們知道什麼是好的。」

小福：「那全部都創造好的就好了呀？」

我：「上帝創造東西不是要給我們用好的或是用壞的，而是從好壞當中讓我們學會擁有好東西的時候要知道珍惜。」

我變成好會解釋世間道理的人，被逼的，被很愛頂嘴的小孩逼的。

小福：「媽媽，拜託啦，你幫我在洗臉槽那邊洗一下毛巾好不好？」

遇到這種怕死的小孩真的沒辦法偷懶。

只好照他的意思把毛巾洗乾淨給他擦臉！

家庭與生活 008

徐玫怡的Mother Style：

Meiyi's育兒手記，展現自我的媽媽風格

國家圖書館出版品預行編目(CIP)資料

徐玫怡的Mother Style：
Meiyi's育兒手記，展現自我的媽媽風格 /
徐玫怡著 -- 第一版 -- 臺北市：天下雜誌，2014.06
186面；17×21公分 --（家庭與生活；8）
ISBN 978-986-241-885-7(平裝)
1.育兒 2.圖文創作

428 103008934

作者	徐玫怡
責任編輯	陳佳聖
美術設計	IF OFFICE
發行人	殷允芃
親子天下執行長	何琦瑜
教育書主編	李佩芬
出版者	天下雜誌股份有限公司
地址	台北市104南京東路二段139號11樓
讀者服務	（02）2662-0332 **傳真** （02）2662-6048
天下雜誌GROUP網址	http://www.cw.com.tw
劃撥帳號	0189500-1天下雜誌股份有限公司
法律顧問	台英國際商務法律事務所・羅明通律師
排版印刷	中原造像股份有限公司
裝訂廠	聿成裝訂股份有限公司
總經銷	大和圖書有限公司 **電話** （02）8990-2588

出版日期 2014年06月第一版第一次印行
2014年10月第一版第三次印行

定價 350元

書號 BCCEF008P **ISBN** 978-986-241-885-7